TRAITÉ ÉLÉMENTAIRE DE STATIQUE,

A l'usage des Écoles de la Marine

Ce Traité de Statique appartient à Mr Belenet de Vesoul. Hte Saone

TRAITÉ
ÉLÉMENTAIRE
DE
STATIQUE,

A l'usage des Écoles de la Marine,

PAR GASPAR MONGE.

TROISIÈME ÉDITION.

PARIS.

BAUDOUIN, imprimeur du Corps législatif et de l'Institut national.

Se trouve à l'École polytechnique,
Chez OBÉLIANE.

AN VII DE LA RÉPUBLIQUE.

TABLE
DES MATIÈRES.

FIN DE LA TABLE.

TRAITÉ ÉLÉMENTAIRE DE STATIQUE.

DÉFINITIONS.

On appelle *corps*, ou *substance matérielle*, tout ce qui est capable d'affecter nos sens.

Les corps se divisent en *solides* et *fluides*. Un corps est *solide* lorsque les molécules qui le composent sont adhérentes, et ne peuvent être séparées les unes des autres sans effort: de ce nombre sont les métaux, les pierres, les bois..., etc. Il est *fluide* lorsque toutes ses molécules peuvent au contraire être séparées avec la plus grande facilité : tels sont l'eau, l'air...., etc.

Tous les corps sont *mobiles*, c'est-à-dire qu'ils peuvent être transportés d'un lieu dans un autre. On dit qu'un corps est en *repos*, quand toutes les parties qui le composent restent chacune dans le même lieu ; et l'on dit qu'il est en *mouvement*, lorsqu'il change de place, ou lorsque les parties dont il est composé passent d'un lieu dans un autre.

Un corps en repos ne peut entrer en mouvement, et lorsqu'il est en mouvement, il ne peut changer la manière dont il se meut, sans l'action de quelque cause, à laquelle on donne en général le nom de *force* ou de *puissance*.

On considère dans une force, 1°. sa *grandeur*, c'est-à-dire, l'effort qu'elle fait pour mouvoir le corps, ou le point du corps, auquel elle est appliquée ; 2°. sa *direction*, c'est-à-dire, la ligne droite suivant laquelle elle tend à mouvoir le point du corps sur lequel elle agit.

Lorsque plusieurs forces sont appliquées à un même corps, il peut arriver deux cas : ou ces forces se contre-balancent et se détruisent réciproquement, alors on dit qu'elles se font *équilibre*, et le corps reste en repos ; ou bien, en vertu de l'action de toutes ces forces, le corps entre en mouvement.

D'après cela, on appelle *mécanique* la science qui a pour objet de connoître l'effet que doit en général produire sur un corps, l'application de forces déterminées. Cette science se divise en deux parties : la première considère les rapports que les forces doivent avoir en grandeurs et en directions pour être en équilibre, et on l'appelle *statique* ; la seconde, à laquelle on donne le nom de *dynamique*, recherche la manière dont le corps se meut, lorsque ces forces ne se détruisent pas entièrement.

Chacune de ces parties se divise encore elle-même en deux autres, selon que le corps auquel on suppose que les forces sont appliquées, est solide ou fluide. La partie de la statique qui traite de l'équilibre des forces appliquées à des corps solides, se nomme simplement *statique*, ou *statique proprement dite* ; et on appelle *hydrostatique* celle qui a pour objet l'équilibre des forces appliquées aux différentes molécules d'un corps fluide.

Nous ne nous occuperons dans ce traité que de la première de ces deux parties, c'est-à-dire, de la statique proprement dite.

CHAPITRE I.

De la composition et de la décomposition des forces.

Fig. 1, 2. 1. *Lorsqu'une force P, appliquée à un point déterminé C d'un corps solide AB, tire ou pousse ce corps suivant une direction quelconque CF, il doit être permis de considérer cette force comme si elle étoit immédiatement appliquée à tout autre point D du corps, pris sur la direction de cette force.*

Car tous les points du corps qui sont sur la droite CF ne pouvant ni se rapprocher ni s'éloigner les uns des autres, aucun d'eux ne peut se mouvoir suivant cette droite sans faire mouvoir tous les autres de la même manière que si la force leur étoit immédiatement appliquée.

Il doit même être permis de considérer la force P comme si elle étoit appliquée à tout autre point G, pris au dehors du corps, sur sa direction, pourvu que ce point soit invariablement attaché au corps.

2. Il suit de là que si sur la direction de la force P il se trouve, ou en dedans du corps un point fixe D, ou en dehors un obstacle immobile G, pourvu que, dans ce dernier cas, l'obstacle soit invariablement attaché au corps, la force sera détruite, et le corps restera en repos; car on pourra regarder cette force comme immédiatement appliquée au point fixe, et son effet sera détruit par la résistance de ce point.

3. Réciproquement, si la force P, appliquée au corps AB, est détruite par la résistance d'un seul point fixe, ce point se trouve sur la direction de la force : car ce point ne peut détruire l'effet de la force qu'en s'opposant au mouvement du point d'application C; et il ne peut empêcher ce mouvement, à moins qu'il ne soit sur la droite que la force tend à faire parcourir au point d'application.

AXIOMES.

I.

4. *Un point ne peut aller par plusieurs chemins à la fois.*

5. Donc, lorsque plusieurs forces différemment dirigées seront appliquées en même

temps à un même point, ou ce point restera en repos, ou il se mouvra par un seul chemin, et par conséquent de la même manière que s'il étoit poussé ou tiré par une force unique dirigée suivant ce chemin, et capable du même effet.

6. Ainsi, quels que soient le nombre et les directions des forces appliquées en même temps à un même point, il existe toujours une force unique qui peut le mouvoir, ou tendre à le mouvoir de la même manière que toutes ces forces ensemble ; cette force unique se nomme la *résultante* des premières, et celles-ci par rapport à la résultante se nomment forces *composantes*.

L'opération par laquelle on cherche la résultante de plusieurs forces composantes données, se nomme la *composition des forces*; et celle par laquelle on trouve les composantes, lorsqu'on connoît la résultante, se nomme la *décomposition des forces*.

II.

7. *Deux forces égales et directement opposées, appliquées en même temps à un même point, se détruisent et se font équilibre.*

Réciproquement, lorsque deux forces se font équilibre, elles sont égales et directement opposées.

8. Donc, si plusieurs forces différemment dirigées sont appliquées à un même point pour leur faire équilibre, c'est-à-dire, pour détruire l'effet de leur résultante, il faut appliquer à ce point une force unique égale à cette résultante et qui lui soit directement opposée, ou appliquer plusieurs forces dont la résultante soit égale et directement opposée à la résultante des premières.

9. Réciproquement, lorsque plusieurs forces différemment dirigées et appliquées à un même point sont en équilibre, leur résultante est nulle, ou, ce qui revient au même, l'une quelconque de ces forces est égale et directement opposée à la résultante de toutes les autres ; ou enfin la résultante d'un nombre quelconque de ces forces est égale et directement opposée à la résultante de toutes les autres.

III.

10. *Si plusieurs forces appliquées à un même point ont la même direction et agissent dans le même sens, elles produisent sur ce point le même effet qu'une force*

unique, qui seroit égale à leur somme, qui auroit la même direction, et qui agiroit dans le même sens ; par conséquent cette force unique est leur résultante.

11. Donc, pour faire équilibre à toutes ces forces, il faut appliquer au même point et dans le sens directement opposé une force égale à leur somme ; car cette force sera égale et directement opposée à leur résultante.

12. Il suit de là, 1°. que si deux forces inégales sont appliquées à un même point dans des sens directement contraires, leur résultante est dirigée dans le sens de la plus grande, et est égale à leur différence : car la plus grande de ces deux forces peut être regardée comme composée de deux autres forces dirigées dans le même sens qu'elle, dont l'une seroit égale à la plus petite, et dont l'autre seroit égale à la différence ; or de ces deux dernières forces, la première est détruite par la plus petite (7) ; donc il ne reste plus, pour mouvoir le point, que la différence, qui est dirigée dans le même sens que la plus grande.

13. 2°. Que si tant de forces qu'on voudra sont appliquées à un même point, les unes dirigées dans un sens, et les autres dans le

sens directement opposé, après avoir fait la somme de toutes celles qui agissent dans un des deux sens, et la somme de toutes celles qui agissent dans le sens contraire, la résultante de toutes ces forces est égale à la différence de ces deux sommes (12), et est dirigée dans le sens de la plus grande.

14. Donc, pour faire équilibre à toutes ces forces, il faut appliquer au même point, et dans la direction de la plus petite des deux sommes, une force égale à la différence de ces sommes : car cette force sera égale et directement opposée à leur résultante.

1er THÉORÈME.

15. *Si aux extrémités d'une droite inflexible AB sont appliquées deux forces égales P, Q, dont les directions AP, BQ soient parallèles entre elles, et qui agissent dans le même sens :* Fig. 3.

1°. *La direction de la résultante R de ces deux forces est parallèle aux droites AP, BQ, et passe par le milieu de AB ;*

2°. *Cette résultante est égale à la somme P+Q des deux forces ;*

DÉMONSTRATION. *Ie Partie.* Soit une autre

droite inflexible DE, perpendiculaire aux directions des deux forces, et attachée invariablement à la droite AB ; et soient prolongées les directions des deux forces P, Q, jusqu'à ce qu'elles coupent cette droite aux deux points D, E ; on pourra supposer que ces deux forces sont appliquées aux points D, E. Cela posé, soit divisée DE en deux parties égales au point C, et soit placé en C, du côté vers lequel les forces tendent à mouvoir cette droite, un obstacle invincible ; il est évident que la droite DE ne prendra aucun mouvement, parce que, tout étant égal de part et d'autre de l'obstacle C, il n'y aura pas de raison pour qu'une des deux forces l'emporte sur l'autre ; donc la résultante des forces P, Q, sera détruite par la résistance de l'obstacle C ; donc la direction de cette résultante passera par le point C (3). Mais si l'on menoit toute autre droite inflexible GH, parallèle à DE, et terminée en G, H, aux directions des deux forces P, Q, on démontreroit de même que la direction de la résultante de ces deux forces passe par le milieu I de cette droite : donc cette direction passe en même temps par les deux points C, I ; donc elle est également éloignée de celles des deux forces P, Q, et leur est parallèle ; donc elle passe par le milieu de AB.

IIe Partie. La direction des deux forces P, Q, et celle de leur résultante R, étant parallèles, on peut les regarder comme concourant en un même point infiniment éloigné, et les deux forces P, Q, comme appliquées toutes deux à ce point : or la résultante de deux forces appliquées à un même point est égale à leur somme (10) ; donc la résultante des deux forces P, Q, est égale à la somme P+Q de ces deux forces.

Corollaire I.

16. Donc, pour faire équilibre aux deux forces P, Q, il faut appliquer au milieu K de la droite AB une troisième force égale à leur somme, qui agisse en sens contraire, et dont la direction soit parallèle aux droites AP, BQ ; car cette troisième force sera égale et directement opposée à leur résultante.

Corollaire II.

17. Si, après avoir divisé une droite inflexible en un nombre quelconque de parties

égales, on applique à tous les points de division des forces égales, et dont les directions soient parallèles entre elles, la résultante de toutes ces forces passera par le milieu de la droite, suivant une direction parallèle à celle des forces, et sera égale à leur somme totale.

Car toutes les résultantes particulières de ces forces, considérées deux à deux, et prises à égales distances du milieu de la droite, passeront par le milieu (15), suivant cette direction, et chacune d'elles sera égale à la somme des deux forces qui la composeront; donc (10) la résultante générale passera aussi par le milieu, suivant la même direction, et sera égale à la somme de toutes les résultantes particulières, c'est-à-dire, à la somme de toutes les forces composantes.

2e. THÉORÊME.

Fig. 4. 18. *Si aux extrémités d'une droite inflexible AB sont appliquées deux forces inégales P, Q, dont les directions AP, BQ, soient parallèles entre elles, et qui agissent dans le même sens :*

1°. *La résultante R de ces deux forces est*

égale à leur somme, et sa direction est parallèle à celles de ces forces;

2°. *Le point C d'application de la résultante partage la droite AB en deux parties réciproquement proportionnelles aux deux forces, de manière que l'on a*

$$P : Q :: BC : AC.$$

Démonstration. *Ire Partie.* Soit divisée la droite AB par le point D en deux parties directement proportionnelles aux deux forces P, Q, en sorte que l'on ait

$$P : Q :: AD : DB;$$

soit prolongée de part et d'autre la droite inflexible, de manière que AE soit égale à AD, et que BF soit égale à BD; et concevons que les deux forces P, Q, soient uniformément distribuées à tous les points de la droite EF, et suivant des directions parallèles à celles de ces deux forces : il est évident que la force P sera distribuée sur la partie DE de la droite inflexible, et que la force Q sera distribuée sur la partie DF. De plus, la force P sera la résultante de toutes les forces distribuées sur ED (17), et la force Q sera celle de toutes les forces distribuées sur DF; donc la résultante générale de toutes les forces distribuées sur la droite entière EF sera la même que celle des deux forces P, Q. Or cette résultante générale passe par le milieu C de la droite EF, suivant une direction parallèle à celles des composantes, et est égale à leur somme (17); donc la résultante des forces P, Q, est égale à leur somme, et sa direction, qui d'ailleurs passe par le point C, est parallèle à celle de ces mêmes forces.

IIe Partie. La droite AB étant la moitié de EF, on a AB=EC ; et retranchant de ces deux quantités la partie commune AC, on a BC=EA=AD. Pareillement on a AB=CF ; et retranchant la partie commune CB, on a AC=BF=DB. Donc, puisque l'on a par supposition P : Q :: AD : DB, on aura aussi P : Q :: BC : AC. Or nous venons de voir que la résultante des deux forces P, Q, passe par le point C ; donc le point d'application de cette résultante partage la droite AB en deux parties réciproquement proportionnelles aux deux forces.

COROLLAIRE I.

19. Donc, pour faire équilibre aux deux

forces P, Q, il faut diviser la droite AB au point C en deux parties réciproquement proportionnelles à ces deux forces, et appliquer au point C une troisième force égale à la somme P+Q, qui agisse en sens contraire, et dont la direction soit parallèle à celle des deux forces P, Q.

Remarque.

20. Si le rapport des forces P, Q, et la longueur de la droite AB, étoient donnés en nombres, et qu'on voulût trouver les distances du point C aux points A, B, la proportion

$$P : Q :: BC : AC$$

ne pourroit pas être employée directement, parce qu'on ne connoîtroit dans cette proportion que les deux premiers termes; mais il est facile d'en déduire celle-ci,

$$P+Q : Q :: BC+AC : AC,$$

qui, à cause que BC+AC est égal à AB, devient,

$$P+Q : Q :: AB : AC,$$

dans laquelle on connoît les trois premiers termes.

On trouveroit la distance BC par cette autre proportion

$$P+Q : P :: AB : BC,$$

qui se déduit de même de la première.

COROLLAIRE II.

21. Lorsqu'une force unique R est appliquée à un point C d'une droite inflexible, on peut toujours la décomposer en deux autres P, Q, qui étant appliquées à deux points A, B, donnés sur la même droite, et étant dirigées parallèlement à RC, produisent le même effet; et l'on trouve les grandeurs des deux forces P, Q, en partageant la force R en deux parties réciproquement proportionnelles aux droites AC, CB, au moyen des deux proportions suivantes,

$$AB : BC :: R : P,$$
$$AB : AC :: R : Q,$$

dans chacune desquelles on connoît les trois premiers termes: car la résultante des deux forces P, Q, a la même grandeur et la même direction, et agit dans le même sens que la force R.

COROLLAIRE

COROLLAIRE III.

22. Tout étant dans la figure 5, comme dans la précédente, si l'on applique au point C de la droite AB une force S égale et directement opposée à la résultante des deux forces P, Q, de manière que l'on ait S=R=P+Q, les trois forces P, Q, S seront en équilibre (19), et chacune des deux forces P, Q pourra être regardée comme égale et directement opposée à la résultante des deux autres. Donc la résultante des deux forces S, Q, dont les directions sont parallèles, et qui agissent en sens contraires, est une force *p* égale et directement opposée à la force P. Or la force P est égale à la différence des forces S, Q, et agit dans le sens contraire à la plus grande S de ces deux forces. Donc 1°. la résultante *p* des deux forces S, Q, est égale à leur différence S—Q, et elle agit dans le sens de la plus grande, suivant une direction parallèle à celle de ces deux forces. Fig. 5.

De plus, on a P+Q, ou S : Q :: AB : AC (20).

Donc 2°. les distances du point A d'application de cette résultante aux deux points

C, B, sont réciproquement proportionnelles aux forces S, Q.

Remarque.

23. Si les rapports de deux forces S, Q, et la longueur de la droite B C, étoient donnés en nombres, et qu'on voulût trouver les distances du point A aux points B, C, la proportion précédente ne pourroit pas être employée directement, parce qu'on ne connoîtroit dans cette proportion que les deux premiers termes; mais il est facile d'en déduire celle-ci :

S—Q : Q :: AB—AC ou BC : AC, dans laquelle on connoît les trois premiers termes.

On trouveroit la distance AB par cette autre proportion :

S—Q : S :: AB—AC ou BC : AB, qui se déduit de même de la première.

COROLLAIRE IV.

24. Si les deux forces S, Q, dont les directions sont parallèles, et qui agissent en sens contraires, sont égales entre elles, 1°. leur résultante P, qui est égale à S—Q (22), devient nulle; 2°. dans la proportion S—Q : Q ::

BC : AC, le second terme étant infiniment grand par rapport au premier qui est nul, le quatrième terme AC est aussi infiniment grand par rapport au troisième. Donc le point A d'application de la résultante P est à une distance infinie du point C. Donc, pour faire équilibre aux deux forces S, Q, il faudroit appliquer à la droite inflexible une force nulle et dont la direction passât à une distance infinie ; ce qui n'est pas absurde, mais ce qui ne peut s'exécuter.

On voit donc qu'il est impossible, au moyen d'une force unique, de faire équilibre à deux forces égales, dont les directions sont parallèles et qui agissent en sens contraires ; mais au moyen de deux forces on peut leur faire équilibre d'une infinité de manières.

PROBLÊME.

25. *Un nombre quelconque de forces P, Q, R, S.... etc. dont les directions sont parallèles, et qui agissent dans le même sens, étant appliquées à des points A, B, C, D.... etc., donnés de position, et liés entre eux d'une manière invariable ; déterminer la résultante de toutes ces forces.* Fig. 6.

SOLUTION. Considérant d'abord deux quelconques de ces forces, telles que P et Q, on déterminera leur résultante T (20) ; cette résultante sera égale à P+Q, sa direction sera parallèle à celle des deux forces P, Q ; et l'on trouvera son point d'application E par la proportion suivante :

P+Q : Q :: AB : AE.

A la place des deux forces P, Q, on substituera leur résultante T ; puis ayant mené la droite EC, on déterminera la résultante V des deux forces T, R ; cette résultante V sera aussi celle des trois forces P, Q, R ; sa grandeur sera T+R ou P+Q+R, et l'on trouvera sur EC son point d'application F par la proportion

T+R ou P+Q+R : R :: EC : EF.

A la place des trois forces P, Q, R, on substituera leur résultante V, et après avoir mené la droite FD, on trouvera la résultante X des deux forces V, S ; cette résultante X sera aussi celle des quatre forces P, Q, R, S ; sa grandeur sera V+S, ou P+Q+R+S, et l'on trouvera sur FD son point d'application G par la proportion

V+S, ou P+Q+R+S : S :: FD : FG.

En continuant ainsi de suite, on trouvera

la position de la résultante générale de toutes les forces, en quelque nombre qu'elles soient ; et la grandeur de cette résultante sera égale à la somme de toutes ces forces.

COROLLAIRE I.

26. Donc, en supposant que le point G soit lié aux autres points A, B, C, D.... d'une manière invariable, on fera équilibre à toutes les forces P, Q, R, S.... en appliquant au point G une force dont la direction soit parallèle à celles des premières, qui agisse en sens contraire, et qui soit égale à leur somme $P+Q+R+S$....

COROLLAIRE II.

27. Si parmi les forces P, Q, R, S.... dont les directions sont parallèles, les unes agissoient dans un sens, et les autres dans le sens contraire, on détermineroit d'abord (25) la résultante particulière de toutes celles qui agiroient dans un sens, et ensuite la résultante particulière de toutes celles qui agiroient dans le sens contraire. Par-là toutes les forces seroient réduites à deux autres agissant en sens opposés ; et en déterminant par le procédé de l'article (23) la résultante

de ces deux dernières forces, on auroit la résultante générale, et par conséquent la force qui, appliquée en sens contraire, feroit équilibre à toutes les forces proposées.

La résultante générale étant égale à la différence des deux résultantes particulières (22), et chacune de celles-ci étant égale à la somme de celles qui la composent (25), il s'ensuit que la résultante générale est égale à l'excès de la somme des forces qui agissent dans un sens, sur la somme de celles qui agissent dans le sens contraire.

COROLLAIRE III.

28. Si les forces P, Q, R, S...., sans cesser d'être parallèles, et sans changer de grandeurs, avoient une autre direction et devenoient p, q, r, s.... ; la résultante t des deux premières passeroit également par le point E et seroit égale à la somme $p+q$. Pareillement la résultante v des trois forces p, q, r, passeroit encore par le point F, et seroit égale à la somme $p+q+r$. De même la résultante x des quatre forces p, q, r, s, passeroit encore par le point G, et seroit égale à la somme $p+q+r+s$; et ainsi de suite. Donc la résultante générale de toutes les forces p, q, r, s,

passeroit encore par le même point que la résultante générale des premières forces P, Q, R, S.... etc.

On voit donc que quand les grandeurs et les points d'application de forces parallèles restent les mêmes, la résultante de ces forces passe toujours par un certain même point, quelle que puisse être leur direction ; et la grandeur de cette résultante est toujours égale à leur somme.

Le point par lequel passe toujours la résultante des forces parallèles, quelle que soit leur direction, se nomme *centre des forces parallèles*.

Il est facile de voir que si les points d'application A, B, C, D.... des forces parallèles P, Q, R, S...., sont dans un même plan, le centre de ces forces est aussi dans ce plan ; car ce plan contient la droite AB, et par conséquent le point E de cette droite, qui est le centre des forces P, Q : il contient de même la droite EC, et par conséquent le centre F des forces P, Q, R : il contient la droite FD et par conséquent le centre G des forces P, Q, R, S ; et ainsi de suite.

On démontre de la même manière que si les points d'application sont sur une même ligne droite, le centre des forces parallèles est aussi sur cette droite.

3.me THÉORÊME.

29. *Deux forces appliquées à un même corps ne peuvent avoir une résultante, à moins que leurs directions ne concourent en un même point, et par conséquent ne soient comprises dans un même plan.*

Démonstration. Lorsque les directions de deux forces ne concourent pas en un même point, ces forces ne peuvent pas être regardées comme destinées à mouvoir un point unique : donc une force unique ne peut pas produire le même effet ; donc ces forces n'ont pas de résultante.

4.me THÉORÊME.

Fig. 7, 8. 30. *Si les directions de deux forces P, Q, appliquées à deux points A, B d'un même corps, sont comprises dans un même plan, et par conséquent concourent en un certain point D :*

1°. *La direction de la résultante de ces deux forces passe par le point de concours D ;*

2°. *Cette direction est comprise dans le*

plan déterminé par celles des deux forces P, Q.

Démonstration. *Iᵉ Partie.* Le point D se trouvant sur les directions des deux forces, si l'on suppose que ce point soit attaché au corps d'une manière invariable, on pourra concevoir que les deux forces P, Q, au lieu d'être appliquées aux points A, B, le sont toutes deux au point D, et qu'elles n'ont d'autre effet que de tendre à mouvoir ce point; donc leur résultante peut aussi être regardée comme n'ayant pas d'autre effet. Or une force unique ne peut agir sur un point unique, à moins qu'elle ne soit immédiatement appliquée à ce point. Donc la résultante des deux forces P, Q peut être regardée comme appliquée au point D. Donc 1°. la direction de cette force passe par le point de concours de ses deux composantes.

IIᵉ Partie. Si par les deux points d'application A, B on conçoit une droite inflexible attachée au corps d'une manière invariable, l'effet des deux forces P, Q, et par conséquent celui de leur résultante, est évidemment de tendre à mouvoir la droite AB. Or une force unique ne peut mouvoir une droite unique, à moins qu'elle ne soit immédiatement appliquée à quelqu'un des points de cette droite. Donc la résultante des deux forces P, Q peut être regardée comme appliquée à quelqu'un des points de la droite AB : donc la direction de cette force passe en même temps, et par le point D, et par un des points de la droite AB. Donc 2°. elle est comprise dans le plan du triangle ABD, déterminé par les directions des deux composantes P, Q.

COROLLAIRE.

31. Il suit de là que si trois forces P, Q, R, appliquées à un même corps, sont en équilibre entre elles, les directions de ces trois forces concourent en un même point D, et sont comprises dans un même plan.

Car ces trois forces étant en équilibre, l'une quelconque d'entre elles est égale et directement opposée à la résultante des deux autres ; donc deux quelconques de ces forces ont une résultante ; donc (29) les directions de ces deux forces sont comprises dans un même plan, et concourent en un même point ; donc (30) la direction de la résultante de ces deux forces, et par conséquent celle de la troisième force qui leur fait équilibre, passe par le point de concours, et est comprise dans le plan déterminé par leurs directions.

LEMME.

32. *Si une puissance P est appliquée à la circonférence d'un cercle mobile autour de son centre A, et suivant une direction BP tangente à la circonférence, cette force tend à faire tourner le cercle autour de son centre, de la même manière que si elle étoit appliquée à tout autre point C, et suivant une direction CQ tangente à la même circonférence.* Fig. 9.

THÉORÊME.

33. *Lorsque les directions de deux forces P, Q sont comprises dans un même plan, et concourent en un même point A; si l'on porte sur ces directions les droites AB, AC proportionnelles à ces forces, de manière que l'on ait* Fig. 10.

$$P : Q :: AB : AC,$$

et qu'on achève le parallélogramme ABDC, la résultante de ces deux forces sera dirigée suivant la diagonale AD du parallélogramme.

Démonstration. Concevons pour un instant que le point D soit un obstacle invincible, et de ce point abaissons sur les directions des deux forces les perpendiculaires DE, DF; les triangles BED, CFD seront semblables, parce que les angles en B et C, étant égaux à l'angle A, seront égaux entre eux; et l'on aura DC : DB :: DF : DE.

Or on a par la supposition :

P : Q :: AB : AC, ou :: DC : DB.

Donc on aura P : Q :: DF : DE.

Du point D, comme centre, et de l'intervalle DF, soit décrit l'arc de cercle FG, terminé en G au prolongement de ED : puis, regardant cet arc et la droite EG comme des lignes inflexibles, et liées d'une manière invariable au point A, concevons que la force P soit appliquée au point E de sa direction, et qu'une force M, égale à la force Q, soit appliquée au point G, suivant une direction parallèle à AP, et par conséquent tangente à l'arc FG. Cela posé, à cause de M=Q et de DF=DG, on aura

P : M :: DG : DE.

Donc (18) la résultante des deux forces parallèles P, M, passera par le point fixe D, et sera détruite par la résistance de ce point ; donc ces deux forces seront en équilibre autour de ce même point.

Or la force Q, dont la direction est tangente à l'arc FG, et qu'on peut regarder comme appliquée au point F de sa direction, tend à faire tourner cet arc de la même manière que la force M (32), et peut être substituée à cette dernière force pour contrebalancer la force P : donc les deux forces P, Q seront aussi en équilibre autour du point fixe D ; donc leur résultante sera détruite par la résistance de ce point ; et par conséquent la direction de cette résultante passera par le point D.

Mais nous avons vu que la résultante des deux forces P, Q doit passer par le point A de concours de leurs directions (30) ; donc cette résultante sera dirigée suivant la diagonale AD.

COROLLAIRE I.

34. Si d'un point quelconque D, pris sur la direction AD de la résultante de deux forces P, Q, on mène les droites DB, DC parallèles aux directions de ces forces : on formera un parallélogramme ABCD, dont

les côtés AB, AC seront proportionnels aux forces P, Q ; c'est-à-dire que l'on aura,

$$P : Q :: AB : AC, \text{ ou } :: DC : DB.$$

Car si ces côtés n'étoient pas proportionnels aux forces, leur résultante seroit dirigée suivant la diagonale du parallélogramme dont les côtés seront proportionnels à ces forces (33), et non pas suivant AD, ce qui seroit contre la supposition.

COROLLAIRE II.

35. Si d'un point quelconque D, pris sur la direction AD de la résultante de deux forces P, Q, on abaisse des perpendiculaires DE, DF sur les directions de ces deux forces, ces perpendiculaires seront entre elles réciproquement comme les forces P, Q.

Car nous venons de voir (34) que l'on a

$$P : Q :: DC : DB.$$

Et les triangles semblables DBE, DCF donnent

$$DC : DB :: DF : DE.$$

Donc on aura $P : Q :: DF : DE$.

THÉORÊME.

Fig. 11. 36. *Lorsque les directions de deux forces*

P, Q, sont comprises dans un même plan, et concourent en un point A; si l'on porte sur ces directions les droites AB, AC proportionnelles à ces forces, de manière que l'on ait

$$P : Q :: AB : AC,$$

et qu'on achève le parallélogramme ABDC; la résultante R de ces deux forces sera représentée en grandeur et en direction par la diagonale AD du parallélogramme; c'est-à-dire que l'on aura

$$P : Q : R :: AB : AC : AD.$$

DÉMONSTRATION. Nous avons déja vu (33) que la résultante des deux forces P, Q sera dirigée suivant la diagonale AD du parallélogramme ; il ne s'agit plus que de faire voir que sa grandeur sera représentée par celle de cette diagonale.

Soit appliquée au point A une force S égale et directement opposée à la résultante R, cette force sera dirigée suivant le prolongement de la diagonale DA, et les trois forces P, Q, S seront en équilibre. Donc la force Q sera aussi égale et directement opposée à la résultante des deux autres forces P, S; et par conséquent cette dernière résultante sera dirigée suivant le prolongement de la droite CA. Soit portée CA sur son prolongement de A en H ; soit menée la droite HB qui sera parallèle à AD et par conséquent à la direction de la force S, et par le point H soit menée HK parallèle à la direction de la force P ; les deux forces P, S seront entre elles comme les côtés AK, AB du parallélogramme ABHK (34), c'est-à-dire que l'on aura

$$P : S :: AB : AK \text{ ou } HB.$$

Or, à cause du parallélogramme ADBH, on a HB=AD ; de plus les deux forces S et R sont égales ; donc on aura

$$P : R :: AB : AD.$$

Mais on a par la supposition

$$P : Q :: AB : AC.$$

Donc, en réunissant ces deux dernières proportions, on aura

$$P : Q : R :: AB : AC : AD.$$

COROLLAIRE I.

37. Si les deux forces P, Q sont appliquées au point A, on leur fera équilibre en appliquant au même point une troisième force dirigée suivant DA, et proportionnelle

à

à la diagonale AD ; car cette force sera égale et directement opposée à la résultante de deux forces P, Q.

Si les forces P, Q, sont appliquées à d'autres points de leurs directions, on leur fera pareillement équilibre en appliquant à un point quelconque de la droite AD, et dans le sens DA, une force proportionnelle à AD, pourvu que le point d'application de cette dernière force soit lié d'une manière invariable aux points d'application des deux forces P, Q.

COROLLAIRE II.

38. On pourra toujours décomposer une force R donnée de grandeur et de direction, en deux autres forces P, Q, dirigées suivant des droites données AP, AQ, pourvu que ces directions, et celle de la force R, soient comprises dans un même plan, et concourent en un même point A.

Pour cela, on représentera la force R par une partie AD de sa direction; puis en menant par le point D les droites DC, DB parallèles aux directions données AP, AQ, on formera un parallélogramme ABDC, dont les côtés AB, AC représenteront les forces demandées P, Q ; car (36) la résultante de ces deux forces aura la même grandeur et la même direction que la force R.

On trouvera les grandeurs des deux forces P, Q par le moyen des deux proportions,

AD : AB :: R : P.
AD : AC :: R : Q.

PROBLÈME.

Fig. 12. 39. *Déterminer la résultante de tant de forces P, Q, R, S... qu'on voudra, dont les directions, comprises ou non comprises dans un même plan, concourent en un même point A.*

Solution. On portera sur les directions de toutes les forces, à partir du point A, des droites AB, AC, AD, AE.... proportionnelles à leurs grandeurs ; puis, considérant d'abord deux quelconques de ces forces, telles que P, Q, on achevera le parallélogramme ABFC, dont la diagonale AF représentera en grandeur et en direction la résultante particulière T de ces deux forces (36).

A la place des forces P, Q, on prendra leur résultante T, et, considérant les deux forces T, R, on achevera le parallélogramme

AFGD, dont la diagonale AG représentera en grandeur et en direction la résultante V des deux forces T, R, qui sera celle des trois forces P, Q, R.

Pareillement, à la place des forces P, Q, R, on prendra leur résultante V, et, considérant les deux forces V, S, on achevera le parallélogramme AGHE, dont la diagonale AH représentera en grandeur et en direction la résultante X des forces V, S, qui sera aussi celle des quatre forces P, Q, R, S.

En continuant ainsi de suite, on trouvera la direction et la grandeur de la résultante générale de toutes les forces P, Q, R, S..., en quelque nombre qu'elles soient.

COROLLAIRE.

40. Si toutes les forces P, Q, R, S... sont immédiatement appliquées au point A de concours de leurs directions pour leur faire équilibre, on trouvera d'abord la grandeur et la direction de leur résultante (39); puis on appliquera au point A une force qui lui soit égale et directement opposée. Mais si les forces sont appliquées à d'autres points de leurs directions, liés entre eux d'une manière invariable, on leur fera équilibre en appli-

quant à un point quelconque de la direction de leur résultante, une force qui soit égale et directement opposée à cette résultante, pourvu que le point d'application de cette force soit aussi lié d'une manière invariable à ceux des forces P, Q, R, S....

PROBLÊME.

Fig. 13. 41. *Déterminer la résultante de tant de forces P, Q, R, S.... qu'on voudra, dont les directions, comprises dans un même plan, ne concourent pas à un même point, dont les points d'application A, B, C, D.... sont liés entre eux d'une manière invariable, et dont les grandeurs sont représentées par les parties Aa, Bb, Cc, Dd.... de leurs directions.*

Solution. Après avoir prolongé les directions de deux quelconques de ces forces, telles que P, Q, jusqu'à ce qu'elles se soient rencontrées quelque part en un point E, on portera de E en F et de E en G les droites A*a*, B*b*, qui représentent ces forces; et l'on achevera le parallélogramme EF*e*G, dont la diagonale E*e* représentera en grandeur et en direction la résultante T des deux forces P, Q (36).

A la place des forces P, Q, on prendra leur résultante T, dont on prolongera la direction, ainsi que celle de la force R, jusqu'à ce qu'elles se rencontrent quelque part en un point H; on portera la droite E*e* de H en I, la droite C*c* de H en K; et l'on achevera le parallélogramme HI*h*K, dont la diagonale H*h* représentera en grandeur et en direction la résultante V des deux forces T, R, qui sera aussi celle des trois forces P, Q, R.

Pareillement, à la place des trois forces P, Q, R, on prendra leur résultante V, et on prolongera sa direction, ainsi que celle de la force S, jusqu'à ce qu'elles se rencontrent en un point L; puis portant de L en M et de L en N les droites H*h*, D*d*, qui représentent les forces V et S, on achevera le parallélogramme LM*l*N, dont la diagonale L*l* représentera la résultante X de ces deux forces, qui sera aussi celle des quatre forces P, Q, R, S.

En continuant ainsi de suite, on trouvera la grandeur et la direction de la résultante générale de toutes les forces proposées, en quelque nombre qu'elles soient.

COROLLAIRE.

42. Donc lorsque plusieurs forces, dirigées dans un même plan, sont appliquées à des points liés entre eux d'une manière invariable, ces forces ont toujours une résultante : ainsi il est possible de leur faire équilibre au moyen d'une force unique, excepté dans le cas où la direction d'une de ces forces étant parallèle à celle de la résultante de toutes les autres, cette force et cette résultante seroient égales entre elles, et agiroient en sens contraires ; car nous avons vu (24) qu'alors pour leur faire équilibre il faudroit appliquer une force nulle et dont la direction passât à une distance infinie, ce qui est impraticable.

THÉORÊME.

Fig. 14. 43. *Si trois forces P, Q, R sont représentées en grandeurs et en directions par les trois arêtes AB, AC, AD, contiguës au même angle d'un parallélipipède ABFEGD, de manière que l'on ait*

$$P : Q : R :: AB : AC : AD,$$

leur résultante S sera représentée en grandeur et en direction par la diagonale

AE du parallélipipède contiguë au même angle ; et l'on aura

P : Q : R : S :: AB : AC : AD : AE.

Démonstration. Dans la face ABFC, qui contient les directions des deux forces P, Q, soit menée la diagonale AF, soit aussi menée la diagonale DE dans la face opposée DHEG : ces deux diagonales seront parallèles et égales ; car les deux arêtes AD, EF du parallélipipède aux extrémités desquelles elles se terminent, sont parallèles et égales ; donc AFED sera un parallélogramme. Cela posé, les deux forces P, Q, étant représentées en grandeurs et en directions par les côtés AB, AC de la face ABFG, qui est un parallélogramme, leur résultante T sera représentée en grandeur et en direction par la diagonale AF (36), et l'on aura

P : Q : T :: AB : AC : AF.

De même les deux forces T, R étant représentées par les côtés AF, AD du parallélogramme AFED, leur résultante S, qui sera aussi celle des trois forces P, Q, R, sera représentée par la diagonale AE du même parallélogramme, et l'on aura

T : R : S :: AF : AD : AE.

Donc en réunissant les deux suites proportionnelles, on aura

$$P : Q : R : S :: AB : AC : AD : AE.$$

Or la diagonale AF est en même temps celle du parallélipipède ; donc la résultante des trois forces P, Q, R sera représentée en grandeur et en direction par la diagonale du parallélipipède.

COROLLAIRE.

44. On pourra toujours décomposer une force S donnée de grandeur et de direction, en trois autres forces P, Q, R, dirigées suivant des droites données AP, AQ, AR, et non comprises dans un même plan, pourvu que ces trois directions et celle de la force S concourent en un même point A.

Pour cela, par les trois directions, considérées deux à deux, on menera les trois plans BAC, CAD, DAB ; on représentera la force S par une partie AE de sa direction, et par le point E on menera trois autres plans EGDH, EHBF, EFCG, respectivement parallèles aux trois premiers : ces six plans seront les faces d'un parallélipipède dont AE sera la diagonale, et dont les arêtes AB, AC, AD, qui seront prises sur les trois directions données, représenteront les grandeurs des trois forces demandées P, Q, R ; car (43) la résultante de ces trois forces aura la même grandeur et la même direction que la force S.

Autrement, on mènera par le point E trois droites parallèles aux directions AP, AC, AR ; et les parties EF, EH, EG de ces droites, comprises entre le point E et les plans BAC, CAD, DAB, représenteront les grandeurs des forces demandées P, Q, R ; car ces droites étant trois arêtes du parallélipipède, elles sont respectivement égales aux autres arêtes AB, AC, AD, qui leur sont parallèles.

CHAPITRE II.

Des Momens.

45. On appelle *moment* d'une force par rapport à un point, ou par rapport à une droite, ou par rapport à un plan, le produit de cette force multipliée par la distance de sa direction à ce point, ou à cette droite, ou à ce plan.

46. Lorsque l'on considère les momens de

plusieurs forces par rapport à un même point, ce point se nomme *centre* des momens ; et lorsque c'est une droite à laquelle tous les momens sont rapportés, cette droite se nomme *axe* des momens.

47. Il suit de là que si l'on connoît la grandeur d'une force, et son moment par rapport à un centre, ou par rapport à un axe, ou par rapport à un plan, on aura la distance du centre, de l'axe, ou du plan, à la direction de la force, en prenant le quotient du moment divisé par la force.

De même, si l'on connoît le moment et la distance, on aura la grandeur de la force en prenant le quotient du moment divisé par la distance.

COROLLAIRE.

Fig. 15. 48. Lorsque deux forces P, Q, dont les directions sont parallèles, agissent dans le même sens, leurs momens, par rapport à un point quelconque C de la direction de leur résultante, sont égaux.

Car si par le point C on mène une droite AB perpendiculaire aux directions des deux forces, et terminée en A et B à ces deux directions, cette droite sera partagée par le point C en deux parties réciproquement proportionnelles aux forces P, Q (18) ; c'est-à-dire que l'on aura

$$P : Q :: BC : AC.$$

Donc, en égalant le produit des extrêmes au produit des moyens, on aura

$$P \times AC = Q \times BC.$$

THÉORÊME.

49. *Si aux extrémités A, B, d'une droite inflexible sont appliquées deux forces P, Q, dont les directions soient parallèles, et qui agissent dans le même sens, et que par le point d'application C de leur résultante on mène une droite DE dans un plan quelconque, les momens des forces P, Q, par rapport à la droite DE, seront égaux, c'est-à-dire que si des points A, B on abaisse sur DE les perpendiculaires AD, BE, on aura* Fig. 15.

$$P \times AD = Q \times BE.$$

Démonstration. Les triangles rectangles ADC, BEC, qui sont semblables, parce que les angles opposés au sommet C sont égaux, donnent

$$EC : AC :: BE : AD.$$

Or on a (18) P : Q :: BC : AC.

Donc on aura P : Q :: BE : AD ;

et en égalant le produit des extrêmes à celui des moyens,

$$P \times AD = Q \times BE.$$

THÉORÈME.

Fig. 16, 17. 50. *Deux forces P, Q, dont les directions sont parallèles, et qui agissent dans le même sens, étant appliquées aux points A, B d'une droite inflexible, et par un point F de cette droite étant mené dans un plan quelconque l'axe des momens FH :*

Fig. 16. 1°. *Si le point F est pris sur le prolongement de AB, la somme des momens des deux forces P, Q sera égale au moment de leur résultante R ; c'est-à-dire que si des points A, B, et du point d'application C de la résultante, on abaisse sur FH les perpendiculaires AG, BH, CI, on aura*

$$R \times CI = Q \times BH + P \times AG.$$

Fig. 17. 2°. *Si le point F est pris entre A et B, la différence des momens des forces P, Q sera égale au moment de la résultante; c'est-à-dire que l'on aura*

$$R \times CI = Q \times BH - P \times AG.$$

Démonstration. Par le point C soit menée DE parallèle à FH, et qui coupera en D, E, les perpendiculaires AG, BH, prolongées s'il est nécessaire ; on aura $DG = CI = EH$. De plus les momens des deux forces P, Q par rapport à DE seront égaux, et l'on aura (49) $P \times AD = Q \times BE$. Fig. 16, 17.

Cela posé, dans le premier cas, la résultante R étant égale à la somme des deux forces P, Q, (18) son moment sera Fig. 16.

$$R \times CI = (Q + P) \times CI,$$

$$\text{ou } = Q \times HE + P \times GD.$$

Mais on a $GD = AD + AG$; donc on aura

$$R \times CI = Q \times HE + P \times AD + P \times AG ;$$

ou, mettant, au lieu de $P \times AD$, le moment $Q \times BE$, qui lui est égal, on aura

$$R \times CI = Q \times HE + Q \times BE + P \times AG ;$$

ou enfin $R \times CI = Q \times BH + P \times AG$.

Dans le second cas on a pareillement Fig. 17.

$$R \times CI = Q \times HE + P \times GD.$$

Mais on a $GD = AD \pm AG$; donc on aura

$$R \times CI = Q \times HE + P \times AD - P \times AG ;$$

ou, mettant, au lieu de $P \times AD$, sa valeur $Q \times BE$, on aura

$$R \times CI = Q \times HE + Q \times BE - P \times GA ;$$

ou enfin $R \times CI = Q \times BH - P \times AG$. Donc, etc.

COROLLAIRE I.

Fig. 16. 51. Il suit de là, 1°. que lorsque les deux points A, B, seront du même côté de l'axe FH, la distance CI du point C de la résultante à cet axe sera égale à la somme des momens des forces P, Q, divisée par la résultante, ou, ce qui revient au même, divisée par la somme P+Q des forces (18); c'est-à-dire que l'on aura

$$CI = \frac{Q \times BH + P \times AG}{P + Q}.$$

Fig. 17. 2°. Que lorsque les points A, B, seront placés de part et d'autre de l'axe FH, cette distance sera égale à la différence des momens des forces P, Q, divisée par la somme P+Q des forces; c'est-à-dire que l'on aura

$$CI = \frac{Q \times BH - P \times AG}{P + Q}.$$

Dans ce cas, le point C sera placé, par rapport à l'axe GH des momens, du même côté que celle des deux forces P, Q, dont le moment est le plus grand.

COROLLAIRE II.

52. Si l'axe FH est perpendiculaire à AB, Fig. 16, 17.
les droites AG, BH, CI, seront toutes trois dirigées suivant AB, et la proposition énoncée dans le théorême précédent n'en aura pas moins lieu ; or dans ce cas on aura

$$AG = AF,\ BH = AF,\ CI = CF.$$

Donc on aura pour la fig. 16,

$$R \times CF = Q \times BF + P \times AF$$

et pour la fig. 17,

$$R \times CF = Q \times BF - P \times AF.$$

Donc lorsque deux forces P, Q, dont les directions sont parallèles, et qui agissent dans le même sens, sont appliquées à deux points A, B d'une droite inflexible, le moment de leur résultante par rapport à un point quelconque F de cette droite est égal à la différence ou à la somme des momens des forces P, Q, selon que le point F est pris sur AB, ou sur son prolongement.

Quant à la distance CF du point F au point d'application C de la résultante, on l'aura en prenant le quotient de la différence, ou de la somme des momens des forces P, Q par rapport au point F, divisée par la résultante P+Q, selon que le point F sera pris sur AB, ou sur son prolongement; c'est-à-dire que l'on aura pour la fig. 16,

$$CF = \frac{Q \times BF + P \times AF}{P+Q};$$

et pour la fig. 17,

$$CF = \frac{Q \times BF - P \times AF}{P+Q}.$$

THÉORÈME.

Fig. 18, 19. 53. *Deux forces P, Q, dont les directions sont parallèles, et qui agissent dans le même sens, étant appliquées aux points A, B d'une droite inflexible; et par un point F de cette droite étant mené un plan MN parallèle à leurs directions :*

Fig. 18. 1°. *Si le point F est pris sur le prolongement de AB, la somme des momens des deux forces P, Q, par rapport au plan MN, sera égale au moment de leur résultante R; c'est-à-dire que si des points A, B, et du point d'application C de la résultante, on abaisse sur le plan les perpendiculaires AG, BH, CI, on aura*

$$R \times CI = Q \times BH + P \times AG.$$

Fig. 19. 2°. *Si le point F est pris entre A et B; la différence des momens des forces P, Q sera*

sera égale au moment de leur résultante ; c'est-à-dire que l'on aura

$$R \times CI = Q \times BH - P \times AG.$$

DÉMONSTRATION. Les trois droites AG, BH, CI, perpendiculaires au même plan MN, sont parallèles entre elles ; de plus elles passent par trois points A, B, C d'une même droite : donc elles sont dans un même plan mené par AB ; donc leurs pieds G, H, I et le point F, sont dans ce plan. Mais les quatre points F, G, H, I sont aussi dans le plan MN ; donc ils sont dans l'intersection de deux plans différens, et par conséquent en ligne droite. Soit donc menée la droite FGIH : elle coupera les droites AG, BH, CI, à angles droits ; car elle sera dans le plan MN auquel ces droites sont perpendiculaires, et elle passera par leurs pieds. Donc en considérant FGIH comme un axe des momens (50), Fig. 18, 19.

1°. Lorsque le point F sera sur le prolongement de AB, on aura Fig. 18.

$$R \times CI = Q \times BH + P \times AG ;$$

2°. Lorsque le point F sera compris entre A et B, on aura Fig. 19.

$$R \times CI = Q \times BH - P \times AG.$$

Donc, etc.

COROLLAIRE.

Fig. 18. 54. Donc, 1°. lorsque les deux forces P, Q seront du même côté par rapport au plan MN, la distance CI du plan à la direction de la résultante sera égale à la somme des momens des forces par rapport au plan, divisée par la résultante R, ou, ce qui revient au même (18), divisée par la somme P+Q des forces ; c'est-à-dire que l'on aura

$$CI = \frac{Q \times BH + P \times AG}{P + Q}.$$

Fig. 19. 2°. Lorsque le plan passera entre les directions des deux forces, cette distance sera égale à la différence des momens divisée par la somme des forces ; c'est-à-dire que l'on aura

$$CI = \frac{Q \times BH - P \times AG}{P + Q}.$$

Dans le dernier cas la résultante sera placée, par rapport au plan MN, du même côté que celle des deux forces P, Q dont le moment est le plus grand.

THÉORÊME.

Fig. 20. 55. *Si à un nombre quelconque de points A, B, C, D...., situés ou non situés dans en même plan, mais liés entre eux d'une manière invariable, sont appliquées des forces P, Q, R, S.... dont les directions soient parallèles, qui agissent dans le même sens, et qui soient toutes placées du même côté d'un plan quelconque MN parallèle à leurs directions, la somme des momens de toutes les forces par rapport au plan MN sera égale au moment de leur résultante.*

Démonstration. Soit menée la droite AB, et soit E le point de cette droite par lequel passe la résultante T des deux forces P, Q; soit menée la droite EC, et soit F le point de cette droite par lequel passe la résultante V des deux forces T, R, qui sera aussi la résultante des trois forces P, Q, R; soit menée FD, et soit G le point de cette droite par lequel passe la résultante X des deux forces V, S, qui sera aussi la résultante des quatre forces P, Q, R, S; et ainsi de suite. Enfin des points A, B, C, D.... et des points E, F, G.... soient abaissées sur le plan MN les perpendiculaires A*a*, B*b*, C*c*, D*d*.... E*e*, F*f*, G*g*....

Cela posé, le moment de la résultante T sera égal à la somme des momens de ses deux composantes P, Q (50), et l'on aura

$$T \times Ee = P \times Aa + Q \times Bb.$$

Pareillement le moment de la force V sera égal à la somme des momens de ses deux composantes T, R; et l'on aura

$$V \times Ff = T \times Ee + R \times Cc.$$

Donc, mettant pour $T \times Ee$, sa valeur, on aura $V \times Ff = P \times Aa + Q \times Bb + R \times Cc$.

De même le moment de la force X sera égal à la somme des momens de ses deux composantes V, S, ce qui donnera

$$X \times Gg = V \times Ff + S \times Dd.$$

Donc, en mettant pour $V \times Ff$ sa valeur, on aura $X \times Gg = P \times Aa + Q \times Bb + R \times Cc + S \times Dd$.

Et ainsi de suite, quel que soit le nombre des forces. Donc le moment d'une résultante quelconque est égal à la somme des momens de toutes les composantes; donc, etc.

COROLLAIRE I.

56. Nous avons vu (25) que la grandeur de la résultante X des forces P, Q, R, S.... est égale à la somme P+Q+R+S.... de ces forces; donc la distance *Gg* de la direction de cette résultante au plan MN est égale à

la somme des momens de toutes les forces P, Q, R, S.... divisée par la somme de toutes ces forces; c'est-à-dire que l'on a

$$Gg = \frac{P \times Aa + Q \times Bb + R \times Cc + S \times Dd}{P + Q + R + S}.$$

COROLLAIRE II.

57. Donc, si du côté vers lequel sont placées les forces, on mène un plan indéfini, parallèle à MN, et qui en soit éloigné d'une distance égale à Gg, c'est-à-dire, égale à

$$\frac{P \times Aa + Q \times Bb + R \times Cc + S \times Dd}{P + Q + R + S},$$

ce plan contiendra la direction de la résultante de toutes les forces P, Q, R, S....; car ce plan contiendra tous les points qui, de ce côté, sont éloignés du plan MN de la quantité Gg, et par conséquent tous ceux de la direction de la résultante.

COROLLAIRE III.

58. *Si les forces P, Q, R, S.... sont situées de part et d'autre du plan MN, le moment de leur résultante par rapport à ce plan sera égal à l'excès de la somme des momens des forces qui sont situées d'un côté* Fig. 21.

du plan, sur la somme des momens des forces qui sont situées de l'autre côté.

En effet, soient V la résultante particulière de toutes les forces P, Q.... qui sont situées d'un côté du plan, en quelque nombre qu'elles soient, et E le point d'application de cette force. Pareillement soient X la résultante particulière de toutes les forces R, S.... qui sont situées de l'autre côté, et F le point d'application de cette force. Si l'on abaisse sur le plan les perpendiculaires A*a*, B*b*.... E*e*, C*c*, D*d*.... F*f*, nous venons de voir (55) qu'on aura

$$V \times Ee = P \times Aa + Q \times Bb \ldots\ldots$$
$$\text{et } X \times Ff = R \times Cc + S \times Dd \ldots\ldots$$

Actuellement soient Y la résultante des deux forces V, X, et G son point d'application; cette force sera la résultante générale de toutes les forces P, Q, R, S....

Cela posé, les deux forces V, X étant situées de part et d'autre du plan MN, le moment de leur résultante est égal à la différence de leurs momens (50); donc, en abaissant sur le plan la perpendiculaire G*g*, on aura

$$Y \times Gg = V \times Ee - X \times Ff.$$

Donc, en mettant à la place de ces deux derniers momens leurs valeurs, on aura

$$Y \times Gg = P \times Aa + Q \times Bb \ldots - (R \times Cc + S \times Dd \ldots)$$

Donc, etc.

COROLLAIRE IV.

59. Donc, en général, de quelque manière que plusieurs forces P, Q, R, S.... dont les directions sont parallèles, et qui agissent dans un même sens, soient situées par rapport à un plan MN parallèle à leurs directions, la distance Gg de leur résultante à ce plan est égale à l'excès de la somme des momens des forces situées d'un côté du plan, sur la somme des momens des forces situées de l'autre côté, divisée par la somme de toutes les forces; c'est-à-dire que l'on a

$$Gg = \frac{P \times Aa + Q \times Bb \ldots - (R \times Cc + S \times Dd \ldots)}{P + Q + R + S \ldots}.$$

Et cette résultante est placée, par rapport au plan MN, du côté pour lequel la somme des momens est la plus grande.

COROLLAIRE V.

60. Donc, si du côté du plan MN, pour lequel la somme des momens est la plus

grande, on lui mène un plan parallèle, indéfini, et qui en soit éloigné de la quantité,

$$Gg, \text{ ou } \frac{P \times Aa + Q \times Bb \ldots - (R \times Cc + S \times Dd \ldots)}{P + Q + R + S \ldots},$$

ce plan contiendra la direction de la résultante de toutes les forces P, Q, R, S....

COROLLAIRE VI.

Fig. 22, 23. 61. Si les directions des forces P, Q, R, S... sont toutes situées dans un même plan perpendiculaire au plan MN, les droites Aa, Bb, Cc, Dd.... Gg tomberont toutes sur la droite KL, intersection des deux plans; et l'on n'en aura pas moins

Fig. 22. $Y \times Gg = P \times Aa + Q \times Bb \ldots + (R \times Cc + S \times Dd \ldots$

Fig. 23. $Y \times Gg = P \times Aa + Q \times Bb \ldots - (R \times Cc + S \times Dd \ldots)$

selon que les forces seront du même côté, ou des deux côtés de la droite KL. Donc on aura, dans le premier cas,

$$Gg = \frac{P \times Aa + Q \times Bb + R \times Cc + S \times Dd \ldots}{P + Q + R + S \ldots};$$

et dans le second cas,

$$Gg = \frac{P \times Aa + Q \times Bb \ldots - (R \times Cc + S \times Dd \ldots)}{P + Q + R + S \ldots};$$

c'est-à-dire que lorsque plusieurs forces dont les directions sont parallèles et situées dans un même plan, agissent dans le même sens, la distance de leur résultante à une droite quelconque tracée dans le même plan et parallèle à leurs directions est en général égale à l'excès de la somme des momens des forces situées d'un côté de la droite, sur la somme des momens des forces situées de l'autre côté, divisée par la somme des forces.

PROBLÊME.

62. *Étant donné un nombre quelconque de forces dont les directions soient parallèles, qui agissent dans le même sens, et dont les points d'application soient situés ou non situés dans un même plan, déterminer par le moyen des momens la direction de la résultante de toutes ces forces.*

Solution. Après avoir mené à volonté deux plans différens ABCD, BCIK, parallèles aux directions des forces, on cherchera la distance de la résultante à chacun de ces plans en particulier (59); puis on menera un plan EFGH parallèle à ABCD, éloigné de ce dernier plan de la distance à laquelle en est la résultante, et situé du côté pour lequel la somme des momens par rapport au plan Fig. 24.

ABCD est la plus grande ; et ce plan EFGH contiendra la direction demandée (60). Pareillement on menera un plan LMNO parallèle à BCIK, éloigné de ce dernier plan de la distance à laquelle en est la résultante ; et situé du côté pour lequel la somme des momens, par rapport au plan BCIK, est la plus grande ; et ce plan contiendra encore la direction demandée. Donc la direction de la résultante, devant être et dans le plan EFGH, et dans le plan LMNO, sera dans la droite PQ d'intersection de ces deux plans.

COROLLAIRE I.

63. Nous avons vu (28) que si plusieurs forces dont les directions sont parallèles, changent de directions, sans changer de grandeurs ni de points d'application, et sans cesser d'être parallèles entre elles, leur résultante passe toujours par un certain même point, qu'on appelle centre des forces parallèles ; donc, pour les forces parallèles, que l'on vient de considérer, le centre est placé dans la direction PQ de leur résultante.

Pour trouver ce centre, on menera à volonté un troisième plan ABKR, et l'on concevra que toutes les forces, sans changer de grandeurs ni de points d'application, soient dirigées parallèlement entre elles et au plan ABKR ; l'on cherchera la distance de la résultante de ces nouvelles forces à ce plan (59). Cela posé, si l'on mène un plan STVX parallèle à ABKR, et éloigné de ce dernier plan de la distance qu'on aura trouvée, ce plan contiendra la nouvelle résultante, et par conséquent le centre des forces. Donc le centre des forces, devant se trouver et dans la droite PQ et dans le plan STVX, se trouvera au point Y d'intersection de la droite et du plan; ou, ce qui revient au même, ce centre se trouvera au point Y d'intersection des trois plans EFGH, LMNO, STVX.

COROLLAIRE II.

64. Si les forces P, Q, R, S,... dont les directions sont parallèles et qui agissent dans le même sens, sont situées dans un même plan ; pour trouver la position de leur résultante, après avoir mené dans ce plan une droite LN parallèle aux directions des forces, et après avoir abaissé sur cette droite, de tous les points d'application A, B, C, D.... les perpendiculaires A*a*, B*b*, C*c*, D*d*.... on Fig. 25.

portera sur une droite LM perpendiculaire à LN, la droite Lg', égale à

$$\frac{P \times Aa + Q \times Bb + R \times Cc + S \times Dd \ldots}{P + Q + R + S \ldots} \ (61);$$

et la droite $g'Y$, menée par le point g' parallèlement à LN, sera la direction de la résultante.

Si toutes les forces n'étoient pas du même côté de la droite LN, il faudroit retrancher les momens des forces qui seroient situées de l'autre côté, au lieu de les ajouter (61).

COROLLAIRE III.

Fig. 25. 65. Pour trouver le centre des forces P, Q, R, S..... dont les directions sont parallèles et comprises dans un même plan, on concevra que ces forces, sans changer de grandeurs, et sans cesser d'être appliquées aux mêmes points A, B, C, D.... soient dirigées parallèlement à une autre droite telle que LM, sur laquelle on abaissera les perpendiculaires Aa', Bb', Cc', Dd'.... et la distance Gg' de cette droite à la nouvelle résultante sera

$$\frac{P \times Aa' + Q \times Bb' + R \times Cc' + S \times Dd' \ldots}{P + Q + R + S \ldots} \ (61).$$

Donc, si l'on porte sur une perpendiculaire

à LM la droite Lg égale à cette distance, et que par le point g on mène gG parallèle à LM, cette droite gG sera la direction de la nouvelle résultante. Or le centre des forces doit se trouver, et sur la direction de la première résultante $g'Y$, et sur celle de la seconde gG ; donc il sera au point G d'intersection de ces deux directions.

Si toutes les forces n'étoient pas du même côté de la droite LM, il faudroit retrancher les momens de celles qui seroient situées de l'autre côté, au lieu de les ajouter.

Corollaire IV.

66. Si les points d'application A, B, C, D.... sont dans un même plan auquel les directions des forces parallèles P, Q, R, S.... soient obliques, le centre G de ces forces sera aussi dans ce plan (28); et sa position sera la même que si les directions des forces étoient parallèles entre elles et situées dans ce plan. Ainsi, pour trouver dans ce cas le centre des forces G, on menera dans le plan deux droites quelconques LN, LM; puis on supposera que les forces soient dirigées parallèlement à LN, et on trouvera (64) la direction $g'Y$ de leur résultante dans cette

supposition ; on supposera ensuite qu'elles soient dirigées parallèlement à LM, et on trouvera la direction Gg de leur résultante ; et le point G d'intersection des deux droites $g'Y$, gG sera le centre des forces demandées (65).

Le centre étant trouvé, si l'on mène par ce point une droite parallèle aux directions réelles des forces P, Q, R, S.... cette droite sera la direction de leur résultante.

COROLLAIRE V.

67. Enfin, si les points d'application a', b', c', d'.... sont sur une même ligne droite LM oblique aux directions des forces, le centre g' de ces forces sera sur cette droite (28), et sa position sera la même que si les directions des forces étoient perpendiculaires à LM.

Donc (64) la distance $g'L$ de ce centre à un point L donné sur la droite sera égale à

$$\frac{P \times a'L + Q \times b'L + R \times c'L + S \times d'L \ldots}{P + Q + R + S \ldots},$$

en observant que si toutes les forces n'étoient pas situées du même côté par rapport au point L, il faudroit retrancher les momens de celles qui seroient situées de l'autre côté, au lieu de les ajouter.

LEMME.

68. *Lorsque les directions de deux forces P, Q, concourent en un point A, les momens de ces forces par rapport à un point quelconque D de la direction de leur résultante R sont égaux.* Fig. 26.

Car nous avons vu (35) que si du point D on abaisse les perpendiculaires DB, DC sur les directions des forces, prolongées s'il est nécessaire, on a

$$P : Q :: DC : DB.$$

Donc, en égalant le produit des extrêmes au produit des moyens, on a

$$P \times DB = Q \times DC.$$

COROLLAIRE.

69. Il suit de là que si les directions de deux forces P, Q concourent en un point A, le moment de l'une quelconque Q de ces forces par rapport à un point D de la direction de l'autre, sera égal au moment de leur résultante R par rapport au même point; c'est-à-dire qu'en abaissant du point D les Fig. 27.

perpendiculaires DB, DC sur la direction de la force Q, et sur celle de la résultante R, prolongées s'il est nécessaire, on aura $Q \times DB = R \times DC$.

Car si l'on applique au point A une troisième force S, égale et directement opposée à la résultante R, les trois forces P, Q, S seront en équilibre, et par conséquent la force P sera égale et directement opposée à la résultante des deux forces Q, S. Donc les momens des deux forces Q, S, par rapport au point D de la direction de leur résultante, seront égaux (68); donc on aura $Q \times DB = S \times DC$; ou, à cause de $S = R$,

$$Q \times DB = R \times DC.$$

THÉORÊME.

Fig. 28, 29. 70. *Lorsque les directions de deux forces P, Q concourent en un même point A, le moment de la résultante R de ces forces par rapport à un point D quelconque, pris dans le plan de ces directions, est égal à la somme ou à la différence des momens des forces P Q, par rapport au même point, selon que le point D est en dehors ou en dedans de l'angle P A Q, formé par les directions des forces; c'est-à-dire que si du du point D on abaisse sur ces directions, et sur celle de la résultante, les perpendiculaires DB, DC, DE, on a, dans le premier cas,*

$$R \times DE = Q \times DC + P \times DB;$$ Fig. 28.

et dans le second cas,

$$R \times DE = Q \times DC - P \times DB.$$ Fig. 29.

Démonstration. Soit menée la droite AD, et soit décomposée la force P en deux autres p, p', dirigées, la première suivant AD, et la seconde suivant la direction de la force Q. Pour cela (38), on représentera la force P par la partie AF de sa direction; par le point F on menera les droites FG, FH, respectivement parallèles à AQ et AD; et les deux composantes p, p' seront représentées par les côtés AG, AH du parallélogramme AGFH.

Le point D se trouvant sur la direction de la composante p, le moment de l'autre composante p' par rapport à ce point est égal au moment de leur résultante P, et l'on a (69) $p' \times DC = P \times DB$. De plus, à la place de la force P prenant les deux forces p, p', la résultante R des deux forces P, Q est aussi celle des trois forces p, p', Q.

Fig. 28. Cela posé, dans le premier cas, les deux forces Q et p', qui ont la même direction et qui agissent dans le même sens, équivalent à une force unique égale à leur somme $Q+p'$; ainsi la force R peut être regardée comme la résultante des deux forces p et $Q+p'$; donc le moment de cette résultante par rapport au point D de la direction de la première de ces forces est égal au moment de la seconde (69) ; donc on a

$$R \times DE = (Q+p')\,DC,$$

$$\textit{ou}\ R \times DE = Q \times DC + p' \times DC.$$

Donc, en mettant à la place du moment $p' \times DC$ sa valeur, on a

$$R \times DE = Q \times DC + P \times DB.$$

Fig. 29. Dans le second cas, les deux forces Q, p', qui ont la même direction, et qui agissent en sens contraires, équivalent a une force unique égale à leur différence $Q-p'$; or le moment de cette force unique, par rapport au point D de la direction de la force p, est égal au moment de la résultante R de ces deux forces (69) ; et l'on a

$$R \times DE = (Q-p')\,DC,$$

$$\textit{ou}\ R \times DE = Q \times DC - p' \times DC.$$

Donc, en mettant à la place du moment $p' \times DC$ sa valeur, on a

$$R \times DE = Q \times DC - P \times DB.$$

Donc, etc.

Remarque.

71. Si l'on suppose que la droite AD soit inflexible, et que le point D soit immobile : lorsque ce point est placé en dehors de l'angle PAQ, *fig.* 28, les deux forces P, Q tendent à faire tourner dans le même sens le point A autour du point D ; et au contraire, lorsque le point D est placé en dedans de l'angle PAQ, *fig.* 29, les deux forces tendent à faire tourner le point A dans des sens opposés.

Donc, si deux forces sont dirigées dans un même plan, le moment de leur résultante par rapport à un point quelconque pris dans ce plan, est égal à la somme ou à la différence de leurs momens par rapport au même point, selon que ces forces tendent à faire tourner leur point d'application autour du centre des momens, ou dans le même sens, ou dans des sens opposés ; et dans tous les cas la résultante tend à faire tourner son point d'application dans le même sens que celle des deux forces dont le moment est le plus grand.

THÉORÊME.

Fig. 30. 72. *Lorsque des forces P, Q, R, S.... dirigées dans un même plan, sont appliquées à des points a, b, c, d.... liés entre eux d'une manière invariable, et tendent à faire tourner ces points dans le même sens autour d'un autre point D pris dans ce plan, la somme des momens de ces forces par rapport au point D est égale au moment de leur résultante par rapport au même point.*

DÉMONSTRATION. Soient V la résultante particulière des deux forces P, Q; X celle des deux forces V, R, et par conséquent des trois forces P, Q, R; Y celle des deux forces X, S, et par conséquent des quatre forces P, Q, R, S; et ainsi de suite. Enfin du point D soient abaissées sur les directions des forces et sur celles des résultantes particulières V, X, Y.... les perpendiculaires DE, DF, DG, DH.... DI, DK, DL.... Cela posé, le moment de la résultante V est égal à la somme des momens de ses composantes P, Q, (70) ce qui donne

$$V \times DI = P \times DE + Q \times DF.$$

Pareillement le moment de la résultante X est égal à la somme des momens de ses composantes V, R, et l'on a

$$X \times DK = V \times DI + R \times DG ;$$

ou, en mettant à la place du moment $V \times DI$ sa valeur,

$$X \times DK = P \times DE + Q \times DF + R \times DG.$$

On a de même $Y \times DL = X \times DK + S \times DH$; ou, en mettant pour le moment $X \times DK$ sa valeur,

$$Y \times DL = P \times DE + Q \times DF + R \times DG + S \times DH ;$$

et ainsi de suite, quel que soit le nombre des forces. Donc le moment de chaque résultante est égal à la somme des momens de toutes ses composantes; donc, etc.

COROLLAIRE I.

73. *Si les forces P, Q, R, S.... ne tendent pas à faire tourner leurs points d'application dans le même sens autour du centre des momens D, le moment de leur résultante est égal à l'excès de la somme des momens des forces qui tendent à faire tourner dans un sens; sur la somme des momens de celles qui tendent à faire tourner dans le sens opposé.* Fig. 31.

En effet, soit V la résultante particulière de toutes les forces P, Q.... qui tendent à faire tourner dans un sens; pareillement soit X la résultante particulière de toutes les forces R, S.... qui tendent à faire tourner dans le sens contraire; et du point D soient abaissées sur les directions des forces, et sur celles des deux résultantes V, X, les perpendiculaires DE, DF.... DI, DG, DH.... DK; nous venons de voir (72) que l'on a

$$V \times DI = P \times DE + Q \times DF \ldots\ldots$$
$$\textit{et} \quad X \times DK = R \times DG + S \times DH \ldots\ldots$$

Enfin soit Y la résultante des deux forces V, X, et par conséquent celle de toutes les forces P, Q, R, S....

Cela posé, le moment de la résultante Y par rapport au point D est égal à la différence des momens de ses composantes V, X, qui tendent à faire tourner dans des sens opposés (71); c'est-à-dire, qu'en abaissant sur sa direction la perpendiculaire DL, on a

$$Y \times DL = V \times DI - X \times DK.$$

Donc, en mettant à la place des deux derniers momens leurs valeurs, on a

$$Y \times DL = P \times DE + Q \times DF \ldots - (R \times DG + S \times DH \ldots)$$

Donc, etc.

COROLLAIRE II.

74. Si les directions des forces P, Q, R, S.... comprises dans un même plan, sont parallèles entre elles, les perpendiculaires DE, DF, DG, DH.... DL, abaissées du centre des momens D sur ces directions et sur celle de la résultante Y, seront dans la même ligne droite ; et la proportion précédente n'en aura pas moins lieu, soit que toutes les forces agissent dans le même sens, comme dans la figure 32, soit qu'elles agissent les unes dans un sens et les autres dans le sens contraire, comme dans les figures 33 et 34. Or la résultante Y de toutes ces forces est égale à l'excès de la somme de celles qui agissent dans un sens, sur la somme de celles qui agissent dans le sens opposé (27) ; donc la distance DL du centre des momens à la direction de la résultante est égale au quotient de l'excès de la somme des momens des forces qui tendent à faire tourner dans un sens, sur la somme des momens de celles qui tendent à faire tourner dans le sens opposé, divisé par l'excès de la somme des forces qui agissent dans un sens, sur la somme de celles

Fig. 32, 33, 34.

qui agissent dans le sens contraire : ainsi on a

Fig. 32. $$DL = \frac{P \times DE + Q \times DF \ldots - (R \times DG + S \times DH \ldots)}{P + Q + R + S \ldots}$$

Fig. 33. $$DL = \frac{P \times DE + Q \times DF \ldots - (R \times DG + S \times DH \ldots)}{P + Q \ldots - (R + S \ldots)}$$

Fig. 34. $$DL = \frac{P \times DE + R \times DG \ldots - (Q \times DF + S \times DH \ldots)}{P + S \ldots - (Q + S \ldots)}$$

Dans tous les cas, la résultante agit dans le sens pour lequel la somme des forces est la plus grande ; et elle est placée, par rapport au point D, du côté pour lequel la somme des momens est la plus grande.

CHAPITRE III.

Des Centres de Gravité.

75. La propriété en vertu de laquelle les corps abandonnés à eux-mêmes tombent vers la terre, se nomme *pesanteur* ou *gravité*.

Toutes les molécules dont les corps sont composés jouissent de la pesanteur, et elles en jouissent sans interruption ; car en quelque nombre de parties qu'un corps soit divisé, chacune de ses parties pèse continuellement, et tombe vers la terre dès qu'elle est abandonnée à elle-même.

76. On appelle *poids* d'un corps l'effort que fait ce corps pour tomber lorsqu'il est retenu ou supporté par un obstacle qui s'oppose à sa chûte ; ce poids peut être regardé comme l'effet d'une force qui seroit continuellement appliquée au corps : aussi l'on a coutume de considérer la pesanteur comme une force.

La pesanteur n'est pas une force rigoureusement constante pour la même molécule, et elle varie suivant les positions différentes que cette molécule peut avoir relativement au globe de la terre.

1°. Lorsque la distance de la molécule au centre de la terre change, la pesanteur décroît dans le même rapport que le quarré de cette distance augmente ; de plus, la terre n'étant pas parfaitement sphérique, et les rayons de l'équateur étant plus grands que ceux qui aboutissent aux poles, la pesanteur à la surface de la terre est plus grande pour une même molécule, lorsque cette molécule est placée vers les poles, que lorsqu'elle est vers l'équateur, parce qu'alors la distance de la molécule au centre de la terre est moindre.

2°. La terre tourne autour de son axe; et toutes les parties qui la composent font leurs révolutions dans le même temps ; c'est-à-dire, à peu près en vingt-quatre heures. Les parties de la surface qui sont voisines de l'équateur, décrivent des circonférences de cercle plus grandes que celles qui sont décrites par les parties voisines des poles ; leur force centrifuge, qui est pareillement plus grande, détruit une plus grande partie de l'effet de la pesanteur, et est une nouvelle cause qui rend cette dernière force moindre à l'équateur qu'elle n'est aux poles.

Ainsi, en parlant rigoureusement, la pesanteur est variable pour une même molécule, lorsque cette molécule s'éloigne ou s'approche de la surface de la terre, et lorsqu'elle s'éloigne ou s'approche de l'équateur : mais les distances des positions dans lesquelles on a coutume, en statique, de considérer une même molécule, sont si petites par rapport au rayon de la terre, que les effets de cette variation sont absolument insensibles ; et l'on est autorisé à regarder la pesanteur comme une force constante pour une même molécule, quelle que soit la position de cette molécule.

77. La ligne droite suivant laquelle une molécule abandonnée à elle-même tombe vers la terre, et qui est évidemment la direction de la pesanteur, se nomme *verticale ;* cette droite est par-tout perpendiculaire à la surface de la terre, ou plus exactement à la surface des eaux tranquilles.

78. On dit qu'un plan est horizontal lorsqu'il est perpendiculaire à une droite verticale.

Si la terre étoit parfaitement sphérique, toutes les directions de la pesanteur concourroient en un même point qui seroit le centre : mais le globe de la terre n'étant pas une sphère parfaite, les directions de la pesanteur pour deux molécules différentes peuvent n'être pas dans un même plan ; et lorsqu'elles sont dans un même plan, elles concourent en un même point.

Cependant les molécules dans un même corps, et celles des différens corps que l'on a coutume de considérer en statique, sont si voisines les unes des autres, eu égard à leurs distances au centre de la terre, que l'angle formé par les directions de la pesanteur pour deux d'entre elles n'est pas sensible, et l'on est autorisé à regarder toutes ces directions comme parallèles.

79. Nous regarderons donc toutes les molécules des corps pesans comme poussées ou tirées continuellement vers la terre par des forces constantes pour chacune d'elles ; nous supposerons que ces forces sont parallèles et qu'elles agissent dans le même sens ; et par conséquent nous pourrons leur appliquer tout ce que nous avons dit de la composition, de la décomposition et de l'équilibre des forces parallèles.

Or, lorsque plusieurs forces, dont les directions sont parallèles, et qui agissent dans le même sens, sont appliquées à des points liés entre eux d'une manière invariable, nous avons vu, 1°. que ces forces ont une résultante égale à leur somme (25) ; 2°. que la direction de cette résultante est parallèle à celles des composantes ; 3°. qu'il existe un centre des forces par lequel passeroit toujours cette résultante, quand même les forces, sans changer de grandeurs et sans cesser d'être parallèles, changeroient de direction (28).

Donc, 1°. les poids de toutes les molécules d'un corps solide ont une résultante qui constitue le poids du corps, et cette résultante est égale à la somme des poids des molécules :

2°. la direction de cette résultante, ou du poids du corps, est toujours parallèle à celle de la pesanteur, et par conséquent verticale : 3°. quelles que soient les différentes positions que l'on donne à ce corps, les directions des résultantes pour toutes ces positions se coupent en un même point ; car en variant la position du corps, on n'altère pas la grandeur des forces qui agissent sur les molécules, et ces forces, qui changent seulement de direction par rapport au corps, ne cessent pas d'être parallèles entre elles.

80. Le point par lequel passe toujours la direction du poids d'un corps, quelle que soit sa position, se nomme *centre de gravité.*

81. Lorsque plusieurs corps sont liés entre eux d'une manière invariable, et que l'on considère leur assemblage comme s'il ne faisoit qu'un seul et même corps, on donne ordinairement à cet assemblage le nom de *systême.*

82. Tout ce qu'on vient de dire d'un corps unique, doit être dit pareillement du systême de plusieurs corps ; c'est-à-dire, que le poids du systême est égal à la somme des poids particuliers des corps qui le composent ; que la direction de ce poids est ver-

ticale; et que cette direction, quelle que soit la position du systême, passe toujours par un certain même point, qui est le *centre de gravité du systême.*

COROLLAIRE I.

83. On peut toujours regarder le poids d'un corps, ou du systême de plusieurs corps, comme une force dirigée verticalement, et appliquée au centre de gravité du corps ou du systême : car ce poids, qui est la résultante des poids particuliers de toutes les molécules qui composent le corps ou le systême, peut être considéré comme appliqué à un point quelconque de sa direction, et par conséquent au centre de gravité, qui est toujours sur cette direction, quelle que soit d'ailleurs la position du corps ou du systême.

COROLLAIRE II.

84. Donc on fera équilibre à l'action que la pesanteur exerce sur toutes les molécules d'un corps ou d'un systême de corps, en appliquant au centre de gravité du corps ou du systême une force unique, dont la direction soit verticale, qui soit égale au

poids total du corps ou du systême, et qui agisse dans le sens contraire à celui de la pesanteur.

Réciproquement, lorsqu'une force unique fera équilibre aux poids de toutes les molécules d'un corps ou d'un systême de corps, la direction de cette force sera verticale, et elle passera par le centre de gravité du corps ou du systême.

Ainsi, lorsqu'un corps AB suspendu par un fil ED à un point fixe D sera en équilibre, et que l'action de la pesanteur sera par conséquent détruite par la seule résistance du fil, la direction de ce fil sera verticale, et son prolongement passera par le centre de gravité C du corps. Fig. 35.

COROLLAIRE III.

85. On déduit de là une manière simple de trouver par expérience le centre de gravité d'un corps de figure quelconque. En effet, si l'on suspend le même corps à un fil successivement par deux points différens E, *e*, et qu'on prolonge, par la pensée, dans l'intérieur du corps, les deux directions du fil, le point C où ces deux directions se couperont, sera le centre de gravité demandé. Fig. 35.

Remarque.

86. Les poids particuliers des corps qui composent un système pouvant être considérés comme des forces parallèles appliquées aux centres de gravité particuliers de ces corps, il s'ensuit que lorsqu'on connoîtra les poids de ces corps et les positions de leurs centres de gravité particuliers, on trouvera la position du centre de gravité de leur système par les procédés que nous avons donnés pour trouver les centres des forces parallèles, soit en se servant du principe de la composition des forces parallèles, comme dans l'article (26), soit en employant la considération des momens, comme dans les articles (63, 65, 66 et 67); nous aurons bientôt occasion d'en donner des exemples.

Pour trouver le centre de gravité d'un corps de figure quelconque, on conçoit ce corps divisé en un certain nombre de parties telles que l'on connoisse le poids de chacune d'elles, et la position de son centre de gravité particulier; puis, en trouvant le centre de gravité du système de toutes ces parties, on a le centre de gravité demandé du corps.

Mais lorsque les parties du corps sont de même

même nature dans toute son étendue, et lorsque la figure du corps n'est pas très-compliquée, on peut souvent trouver son centre de gravité par des considérations plus simples, et que nous allons employer pour arriver aux résultats dont l'usage est le plus fréquent.

LEMME.

87. *Lorsqu'un corps peut être considéré comme composé de parties A, A', B, B', C, C'.... qui, prises deux à deux, sont égales entre elles, et placées de telle manière que les milieux des droites AA', BB', CC', qui joignent les centres de gravité des parties homologues, coïncident en un même point D; ce point, qui est le centre de figure du corps, est aussi son centre de gravité.* Fig. 36.

Car le point D est le centre de gravité de chaque systême particulier de deux parties homologues; donc il est aussi le centre de gravité de leur systême général.

COROLLAIRE.

88. En considérant les lignes, les surfaces et les solides, comme composés de parties uniformément pesantes, il est évident, 1°.

que le centre de gravité d'une ligne droite est au milieu de sa longueur ;

Fig. 37. 2°. Que le centre de gravité de l'aire, et celui du contour d'un parallélogramme BACD, sont dans son centre de figure, c'est-à-dire, au point E d'intersection de ses deux diagonales AC, BD ;

3°. Que le centre de gravité de l'aire d'un cercle, et celui de sa circonférence entière, sont au centre du cercle ;

4°. Que le centre de gravité de la surface totale d'un parallélipipède, et celui de sa solidité, sont dans son centre de figure, c'est-à-dire, dans l'intersection de deux quelconques de ses quatre diagonales, ou au milieu d'une d'entre elles ;

5°. Que le centre de gravité de la surface convexe d'un cylindre droit ou oblique, terminé par deux bases parallèles, celui de la surface totale de ce cylindre, et celui de sa solidité, sont dans le milieu de la longueur de son axe ;

6°. Que le centre de gravité de la surface d'une sphère, et celui de sa solidité, sont au centre de la sphère.

PROBLÊME.

89. *Trouver le centre de gravité de l'aire d'un triangle rectiligne quelconque ABC.* Fig. 38.

Solution. Après avoir mené par le sommet A d'un des angles, et par le milieu D du côté opposé, la droite AD, si l'on conçoit l'aire du triangle divisée en une infinité d'élémens par des droites parallèles à BC, le centre de gravité de chacun de ces élémens sera dans son milieu (88), et par conséquent sur la droite AD ; donc le centre de gravité de leur systême, qui sera celui de l'aire du triangle, sera sur cette même droite (28). Par la même raison, si du sommet B d'un autre angle, et par le milieu E du côté opposé, on mène une droite DE, cette seconde droite contiendra le centre de gravité : donc ce centre se trouvera et sur la droite AD, et sur la droite BE ; donc il se trouvera au point F d'intersection de ces deux droites.

Corollaire I.

90. *Si du sommet A d'un des angles du triangle ABC, et par le milieu D du côté opposé, on mène une droite AD, et que* Fig. 38.

l'on divise cette droite en trois parties égales, le centre de gravité F de l'aire du triangle sera sur cette droite, aux deux tiers à partir du sommet de l'angle, ou au tiers à partir du côté opposé.

Car si l'on mène la droite DE, cette droite sera parallèle à AB, à cause que les côtés AB, AC, sont coupés proportionnellement en D et E; et les triangles ABF, DEF, seront semblables, parce que leurs angles correspondans seront égaux; on aura donc

$$AF : FD :: AB : DE.$$

Mais les deux autres triangles semblables ABC, EDC, donnent

$$AB : DE :: BC : DC, \text{ ou} :: 2 : 1 \ (89).$$

Donc on aura

$$AF : FD :: 2 : 1, \text{ ou } AF = 2FD;$$

et par conséquent,

$$FD = \tfrac{1}{3}AD, \text{ et } AF = \tfrac{2}{3}AD.$$

COROLLAIRE II.

Fig. 39. 91. *Si dans le plan d'un triangle rectiligne ABC on mène une droite quelconque GI, la perpendiculaire FO, abaissée du centre de gravité F de l'aire du triangle sur GI, sera égale au tiers de la somme*

AG+CH+BI des perpendiculaires abaissées des sommets des trois angles sur la même droite.

En effet, par le sommet A d'un des angles soit menée la droite AM parallèle à GI, et qui coupera en K, L, M, les perpendiculaires abaissées des autres points; par le point A, et par le centre de gravité F, soit menée la droite AF, dont le prolongement coupera le côté opposé en deux parties égales au point D; enfin par le point D soit menée DN perpendiculaire à AM: cela posé, on aura $DN = \frac{CK+BM}{2}$, et les triangles semblables AFL, ADN, donneront

$FL : DN :: AF : AD$, ou $:: 2 : 3$ (90.)

Donc on aura $FL = \frac{2}{3} DN = \frac{CK+BM}{3}$.

Mais les droites AG, KH, LO, MI, étant égales entre elles, on aura $LO = \frac{AG+KH+MI}{3}$.

Donc, en ajoutant cette égalité à la précédente, on aura

$$FL+LO = \frac{AG+CK+KH+BM+MI}{3},$$

c'est-à-dire $FO = \frac{AG+CH+BI}{3}$.

On déduit de là une autre manière de Fig. 40.

trouver le centre de gravité de l'aire d'un triangle rectiligne ABC; car après avoir mené à volonté, dans le plan du triangle, deux droites GI, GR, et après avoir trouvé les distances FO, FR du centre de gravité à chacune de ces droites, si l'on mène la droite RV parallèle à GI et à la distance FO, cette droite contiendra le centre de gravité demandé : pareillement, si l'on mène XO parallèle à PG et à la distance FR, cette seconde droite contiendra le centre de gravité; donc ce centre se trouvera sur les deux droites RV, XO; donc il sera au point F de leur intersection.

PROBLÈME.

Fig. 41. 92. *Trouver le centre de gravité de l'aire d'un polygone rectiligne ABCDE, d'un nombre quelconque de côtés.*

Première Solution, par le procédé de la composition des forces parallèles.

On divisera l'aire du polygone en triangles par des diagonales AC, AD.... menées du sommet A d'un même angle, et on déterminera (89, ou 90, ou 91) les centres de gravité particuliers F, G, H des aires de ces triangles; puis considérant ces triangles comme des poids proportionnels à leurs aires et appliqués à leurs centres de gravité, on joindra les centres de gravité des deux premiers triangles ABC, CAD, par une droite FG, et l'on trouvera sur cette droite le centre de gravité I du système des deux triangles, ou quadrilatère ABCD, en divisant la droite FG en deux parties réciproquement proportionnelles aux aires des deux triangles (18), ce qu'on fera par la proportion suivante (20) :

Le quadrilatère ABCD : au triangle CAD :: FG : FI.

Par le point I, et par le centre de gravité H du triangle suivant, on menera la droite HI, sur laquelle on trouvera le centre de gravité K du système des trois premiers triangles, en divisant cette droite en deux parties réciproquement proportionnelles aux aires du quadrilatère ABCD et du triangle DAE : ce qu'on fera par la proportion suivante :

Le pentagone ABCDE : au triangle DAE :: IH : IK.

En continuant ainsi de suite, quel que soit le nombre des triangles, on trouvera le centre de gravité de leur système, et ce centre sera celui de l'aire du polygone proposé.

Fig. 42. SECONDE SOLUTION, tirée de la considération des momens.

Après avoir divisé l'aire du polygone en triangles, comme dans la solution précédente, et après avoir déterminé les centres de gravité particuliers F, G, H de tous les triangles, on menera dans le plan du polygone à volonté deux droites LM, LN, sur lesquelles on abaissera des perpendiculaires de tous les centres de gravité F, G, H; cela fait, la distance du centre de gravité du polygone, ou du systême de tous les triangles, à chacune des droites LM, LN, sera égale à la somme des momens des triangles par rapport à chaque droite, divisée par la somme de leurs aires (65): ainsi la distance de ce centre à la droite LM sera

$$\frac{ABC \times Ff + CAD \times Gg + DAE \times Hh}{ABCDE},$$

et sa distance à la droite LN sera

$$\frac{ABC \times Ff' + CAD \times Gg' + DAE \times Hh'}{ABCDE}.$$

Donc, si l'on mène une droite parallèle à LM, et qui en soit éloignée d'une quantité égale à la première de ces deux distances, cette droite contiendra le centre de gravité du polygone ; pareillement, si l'on mène une parallèle à LN , et qui en soit éloignée d'une quantité égale à la seconde de ces distances , cette droite contiendra le centre de gravité ; donc l'intersection de ces deux droites sera le centre de gravité demandé.

93. Si les centres de gravité F, G, H des triangles qui composent l'aire du polygone, n'étoient pas tous placés du même côté par rapport à chacune des droites LM, LN ; pour trouver la distance du centre de gravité K du polygone à chacune de ces droites, il faudroit retrancher les momens des triangles dont les centres de gravité seroient placés de l'autre côté de cette droite, au lieu de les ajouter (65).

PROBLÊME.

94. *Trouver le centre de gravité du contour d'un polygone ABCDE, d'un nombre quelconque de côtés.* Fig. 43.

Première Solution, par le procédé de la composition des forces parallèles.

On divisera chacun des côtés du polygone en deux parties égales aux points F, G, H, I, K, qui seront les centres de gravité particuliers de ces côtés (88). Puis considérant tous les côtés comme des poids proportionnels à leurs longueurs, on trouvera le centre de gravité du systême O de deux quelconques d'entre eux, tels que AB, BC, en joignant leurs centres de gravité par la droite FG, et en divisant cette droite en deux parties réciproquement proportionnelles à ces côtés, ce qu'on fera par la proportion suivante (20):

AB+BC : BC :: FG : FO.

Le point O étant trouvé, on menēra par ce point, et par le milieu H du côté suivant, la droite OH, sur laquelle on trouvera le centre de gravité P du systême des trois côtés, en divisant cette droite en deux parties réciproquement proportionnelles au côté CD et à la somme des deux premiers AB, BC; ce qu'on fera par la proportion

AB+BC+CD : CD :: OH : OP.

Pareillement, en menant la droite PI, on trouvera le centre de gravité Q du systême des quatre côtés AB, BC, CD, DE, par la proportion

AB+BC+CD+DE : DE :: PI : PD.

En continuant ainsi de suite, quel que

soit le nombre des côtés du polygone, on trouvera le centre de gravité de leur systême, et ce centre sera celui du contour du polygone.

SECONDE SOLUTION, tirée de la considération des momens.

Après avoir divisé chaque côté du polygone en deux parties, on menera à volonté les deux droites LM, LN, sur chacune desquelles on abaissera des perpendiculaires des milieux de tous les côtés. Cela fait, la distance du centre de gravité R du systême de tous les côtés par rapport à cette droite LM, LN, sera égale à la somme des momens des côtés par rapport à cette droite, divisée par la somme des côtés (65); ainsi la distance de ce centre à la droite LM sera

$$\frac{AB \times Ff + BC \times Gg + CD \times Hh + DE \times Ii + EA \times Kk}{AB + BC + CD + DE + EA},$$

et sa distance à la droite LN sera

$$\frac{AB \times Ff' + BC \times Gg' + CD \times Hh' + DE \times Ii' + EA \times Kk'}{AB + BC + CD + DE + EA}.$$

Donc, en menant une droite parallèle à LM, et qui en soit éloignée d'une quantité égale à la première de ces distances; puis une autre droite parallèle à LN, et qui en soit éloignée d'une quantité égale à la seconde de ces distances, le point d'intersection de ces deux droites sera le centre de gravité R du contour du polygone.

Remarque.

95. Si les milieux F, G, H, I, K des côtés du polygone étoient placés de part et d'autre des droites LM, LN ; pour trouver la distance du centre de gravité R à chacune de ces droites, il faudroit retrancher les momens des côtés dont les milieux seroient placés de l'autre part, au lieu de les ajouter (65).

PROBLÊME.

Fig. 44. 96. *Trouver le centre de gravité de la solidité d'une pyramide triangulaire quelconque ABCD.*

Solution. On déterminera le centre de gravité F de l'aire d'une des faces BCD de la pyramide (90), en menant par le sommet D d'un des angles de cette face, et par le milieu E du côté opposé BC, une droite DE, et en prenant sur cette droite un point F, qui soit aux deux tiers à partir du sommet de l'angle, ou au tiers à partir du côté ; puis on menera la droite AF. Cela fait, si l'on conçoit la pyramide divisée en un nombre infini de tranches par des plans parallèles à la face BCD, toutes ces tranches seront semblables à cette face, et elles seront rencontrées par la droite AF dans des points qui, étant placés sur chacune d'elles de la même manière que le point F est placé sur la face BCD, seront les centres de gravité particuliers de ces tranches ; donc le centre de gravité de leur systême, qui sera celui de la solidité de la pyramide, sera sur la droite AF (28).

Par la même raison, après avoir déterminé le centre de gravité G de l'aire d'une autre face ABC, ce qu'on fera en menant la droite AE, et en prenant sur cette droite la partie EG$=\frac{1}{3}$AE; si par ce point, et par le sommet D de l'angle opposé de la pyramide, on mène la droite DG, cette droite contiendra aussi le centre de gravité de la solidité de la pyramide.

Donc les droites AF, DG, devant toutes deux contenir le centre de gravité de la pyramide, se couperont nécessairement en un certain point H ; et le point d'intersection de ces deux droites sera le centre de gravité demandé.

Remarque.

97. On pourroit démontrer, indépendamment de la considération du centre de gravité de la pyramide, que les droites AF, DG, se coupent nécessairement en un point; car ces droites sont dans un même plan, qui est celui du triangle ADE.

Corollaire I.

98. *Si du sommet A d'un des angles d'une pyramide triangulaire, et par le centre de gravité F de l'aire de la face opposée BCD, on mène une droite AF, le centre de gravité H de la solidité de la pyramide sera sur cette droite, et au quart à partir de la face, ou aux trois quarts à partir du sommet de l'angle.*

En effet, soit menée la droite GF, qui sera parallèle à AD, parce que les droites EA, ED, sont coupées proportionnellement en G, F; les triangles AHD, FHG, dont les angles correspondans sont égaux, seront semblables et donneront

$$AH : HF :: AD : GF.$$

Mais les deux autres triangles semblables AED, GEF, donnent AD : GF :: ED : EF, ou :: 3 : 1 (90) ; donc on aura AH : HF :: 3 : 1 ; c'est-à-dire, AH=3HF, et par conséquent HF=$\frac{1}{4}$AF, et AH=$\frac{3}{4}$AF.

COROLLAIRE II.

99. On démontrera, d'une manière analogue à celle de l'article 91, que la distance du centre de gravité de la solidité d'une pyramide triangulaire à un plan quelconque, est égale au quart de la somme des distances des sommets des quatre angles de la pyramide au même plan.

COROLLAIRE III.

100. *Le centre de gravité O de la solidité d'une pyramide à base quelconque ABCDEF est sur la droite AG, menée du sommet A, au centre de gravité G de l'aire de la base, et au quart de cette droite à partir de la base, ou aux trois quarts à partir du sommet.* Fig. 45.

Concevons que la pyramide soit divisée en un nombre infini de tranches par des plans parallèles à la base : toutes ses tranches seront semblables à la base, et le point où chacune d'elles sera rencontrée par la droite AG sera placé sur cette tranche de la même manière que le point G est placé sur la base; par conséquent ce point sera le centre de gravité de la tranche : donc les centres de gravité de toutes les tranches seront sur la droite AG ; donc le centre de gravité de leur systême, qui sera celui de la solidité de la pyramide, sera aussi sur cette droite (28).

De plus, soit partagée la base en triangles par les diagonales BE, BD, et concevons que par ces diagonales et par le sommet A soient menés des plans ABE, ABD, qui diviseront la pyramide proposée en autant de pyramides triangulaires qu'il y aura de triangles dans la base ; puis par les centres de gravité H, I, K des bases triangulaires soient menées les droites AH, AI, AK ; enfin soient pris sur ces droites les points L, M, N, qui soient sur chacune d'elles au quart de sa longueur, à partir de la base ; ces points seront les centres de gravité des pyramides triangulaires (98). Cela posé, les points L, M, N, qui diviseront proportionnellement les droites AH, AI, AK, menées du sommet de la pyramide sur la base, seront dans un même plan parallèle à la base ; donc le centre de gravité du systême des pyramides triangulaires, c'est-à-dire le centre de

gravité

gravité de la solidité de la pyramide proposée, sera dans ce même plan ; donc le centre de gravité devant se trouver, et dans ce plan, et dans la droite AG, sera au point O de leur intersection.

Or la droite AG sera coupée par le plan LMN en parties proportionnelles aux divisions des droites AH, AI, AK ; donc le centre de gravité O de la solidité de la pyramide sera placé sur AG, au quart de cette droite à partir de la base, ou aux trois quarts à partir du sommet.

COROLLAIRE IV.

101. Le centre de gravité de la solidité d'un cône à base quelconque est sur la droite menée du sommet au centre de gravité de la base, et au quart de cette droite à partir de la base, ou aux trois quarts à partir du sommet ; car ce solide peut être considéré comme une pyramide dont la base a une infinité de côtés.

PROBLÊME.

102. *Trouver le centre de gravité de l'aire d'une section faite dans la carène d'un vaisseau par un plan horizontal.* Fig. 46.

Solution. Soient CEH *hec* la section proposée, et AB la rencontre du plan de cette section avec le plan vertical mené par la quille du vaisseau. Il est évident que tout étant symmétrique de part et d'autre de la droite AB, le centre de gravité demandé K sera sur cette droite : ainsi, pour construire ce point, il suffira de connoître sa distance AK à une droite C*c*, menée par un point donné perpendiculairement à AB.

Pour cela, soit divisée la droite AB par des perpendiculaires ou ordonnées D*d*, E*e*, F*f*.... en un assez grand nombre de parties égales, pour que les arcs CD, DE, EF.... compris entre deux perpendiculaires voisines, puissent être regardés comme des lignes droites, ce qui divisera l'aire de la section en trapèzes ; puis soit partagé chacun de ces trapèzes en triangles, au moyen des diagonales C*d*, D*e*, E*f*.... Cela fait, si l'on prend la somme des momens de tous les triangles par rapport à la droite C*c*, et qu'on divise cette somme par la somme des aires des triangles, le quotient sera la distance demandée AK (65). Or chaque triangle peut être considéré comme ayant pour base une des perpendiculaires, et pour hauteur la distance commune de deux perpendiculaires consécutives ; donc l'aire de chaque triangle sera égale à la moitié du produit de l'ordonnée qui lui sert de base, multipliée par la distance commune. Par exemple, l'aire du triangle DE*e* sera égale à la moitié du produit E*e* × LM ; celle du triangle D*de* sera la moitié de D*d* × LM ; et ainsi des autres. De plus, la distance du centre de gravité de chacun des triangles à la droite C*c* sera égale au tiers de la somme des distances des sommets de ses trois angles à la même droite (91) ; par exemple, la distance du centre de gravité du triangle DE*e* à la droite C*c* sera le tiers de AL+AM+AM ; et ainsi des autres.

Donc il sera facile d'avoir la somme des aires de tous les triangles, et la somme des momens de ces aires par rapport à la droite C*c* ; et, en divisant la seconde de ces deux sommes par la première, on aura la distance demandée du centre de gravité K à la droite C*c*.

La solution précédente n'est pas rigoureuse, parce que les parties CD, DE.... *cd*, *de*.... des bords de la section, ne sont pas des lignes droites, comme on l'a supposé ; mais on voit que le résultat approchera d'autant plus d'être exact, que ces parties seront plus petites, c'est-à-dire, que le nombre des perpendiculaires sera plus grand.

103. L'opération que nous venons de décrire est susceptible de quelques réductions. En effet, d'après ce qui précède, l'aire du triangle

$$\mathrm{C}cd \text{ est } \mathrm{AL} \times \frac{\mathrm{C}c}{2},$$

$$\text{Celle de } \mathrm{CD}d \text{ est } \mathrm{AL} \times \frac{\mathrm{D}d}{2},$$

$$\text{Celle de } \mathrm{D}de \text{ est } \mathrm{AL} \times \frac{\mathrm{D}d}{2},$$

$$\text{Celle de } \mathrm{DE}e \text{ est } \mathrm{AL} \times \frac{\mathrm{E}e}{2},$$

$$\text{Celle de } \mathrm{E}ef \text{ est } \mathrm{AL} \times \frac{\mathrm{E}e}{2},$$

$$\text{Celle de } \mathrm{EF}f \text{ est } \mathrm{AL} \times \frac{\mathrm{F}f}{2},$$

et ainsi des autres. En ajoutant tous ces produits, on voit que leur somme est égale au produit du facteur commun AL, multiplié par la somme faite de la moitié des deux perpendiculaires extrêmes, et de la somme de toutes les autres.

Quant aux momens de ces triangles par rapport à la droite Cc,

Celui de Ccd est $AL \times \frac{Cc}{2} \times \frac{1\,AL}{3}$,

Celui de CDd est $AL \times \frac{Dd}{2} \times \frac{2\,AL}{3}$,

Celui de Dde est $AL \times \frac{Dd}{2} \times \frac{4\,AL}{3}$,

Celui de DEe est $AL \times \frac{Ee}{2} \times \frac{5\,AL}{3}$,

Celui de Eef est $AL \times \frac{Ee}{2} \times \frac{7\,AL}{3}$,

Celui de EFf est $AL \times \frac{Ff}{2} \times \frac{8\,AL}{3}$,

et ainsi de suite ; où l'on voit que le nombre qui multiplie AL dans le moment du dernier triangle, est toujours égal au triple du nombre des intervalles moins un, ou, ce qui revient au même, au triple du numéro de la dernière perpendiculaire moins 4. En ajoutant tous ces momens, leur somme est égale au produit du facteur commun $AL \times AL$, multiplié par la somme faite du 6ᵉ de la première perpendiculaire, du 6ᵉ de la dernière multiplié par le triple du nombre des perpendiculaires moins 4, puis de la seconde perpendiculaire, du double de la troisième, du triple de la quatrième.... et ainsi de suite.

Or la somme des momens et celle des aires ayant le facteur commun AL, leur quotient sera encore le même si l'on supprime ce facteur dans les deux termes de la division ; donc, pour avoir la distance du centre de gravité K à l'une des ordonnées extrêmes Cc, *il faut,* 1°. *prendre le 6e de la première ordonnée Cc ; le 6e de la dernière Hh multipliée par le triple du nombre des ordonnées, moins 4 ; puis la seconde ordonnée, le double de la troisième, le triple de la quatrième..... et ainsi de suite, ce qui donnera une première somme :* 2°. *à la moitié des deux ordonnées extrêmes, ajouter toutes les ordonnées intermédiaires, ce qui donnera une seconde somme :* 3°. *diviser la première de ces deux sommes par la seconde, et multiplier le quotient par l'intervalle commun des ordonnées.*

PROBLÊME.

104. *Trouver le centre de gravité du volume de la partie submergée de la carène d'un vaisseau.*

Solution. Nous supposerons que le vaisseau étant à flot, la quille soit horizontale, et que le plan vertical mené par la quille partage le volume de la carène en deux parties parfaitement symmétriques ; cela posé, le centre de gravité de la partie submergée sera dans ce plan, et la question sera réduite à trouver les distances de ce point à deux droites connues de position dans le plan vertical.

Soient ABCDF la coupe du vaisseau par le plan vertical, CD sa quille, et concevons que le plan de flottaison, ou la section faite dans le vaisseau à fleur d'eau, soit représentée par la droite B*b* parallèle à la quille. Soit divisé l'intervalle des deux droites B*b*, CD, en un certain nombre de parties égales BB′, B′, B″, B‴... et par chaque point de division soient imaginées des sections horizontales, représentées par B′*b*′, B″*b*″...... Pareillement soit divisée la droite B*b*, à partir du point B de l'étambot, en parties égales BF, FF′, F′F″... et par chaque point de division soient imaginés des plans verticaux perpendiculaires à la quille, et représentés par les droites BB‴, F*f*, F′*f*′... la partie submergée de la carène sera divisée en prismes rectangulaires, dont les arêtes seront perpendiculaires au plan vertical Fig. 47.

G 4

mené par la quille, et qui seront terminées de part et d'autre à la surface du vaisseau. (Il faut que les divisions des droites BB''', B*b*, soient assez petites pour que la partie de la surface du vaisseau qui termine chaque prisme puisse être regardée comme plane.) Enfin soit partagé chaque prisme rectangulaire, représenté par sa base LMNP, en deux prismes triangulaires, par un plan diagonal, représenté par MP.

Cela posé, 1°. chaque prisme triangulaire pourra toujours être partagé en trois pyramides de même base que le prisme, et dont chacune aura pour hauteur une des arêtes du prisme : donc si par des mesures actuelles, prises dans le vaisseau, on a la longueur de toutes les arêtes, il sera facile d'avoir la solidité de chaque pyramide, en multipliant l'aire de la base commune LMP par le tiers de l'arête qui sert de hauteur à la pyramide ; et en prenant la somme de toutes ces solidités, on aura celle de la partie submergée de la carène. 2°. Le moment d'une pyramide triangulaire par rapport à un plan étant égal au produit de la solidité de la pyramide, multipliée par le quart de la somme des distances des sommets de ses quatre angles à ce plan (99), il sera facile d'avoir le moment de chaque pyramide par rapport au plan vertical BB''', ou au plan horizontal CD, parce que les distances des sommets de ses angles à chacun de ces plans sont connues ; et en prenant la somme de tous ces momens, on aura le moment de la partie submergée de la carène.

Cela fait, le quotient de la somme des momens par rapport au plan vertical BB''', divisé par la somme des solidités, sera la distance KX du centre de gravité demandé à la verticale BB''' ; pareillement le quotient de la somme des momens par rapport au plan horizontal CD, divisé par la somme des solidités, sera la distance KY du même point à la quille. On aura donc alors les distances du centre de gravité à deux droites connues de position dans le plan vertical mené par la quille, et par conséquent la position de ce point sera déterminée.

La solution précédente n'est pas rigoureuse, parce que la surface du vaisseau étant courbe, la partie de cette surface qui termine chaque prisme triangulaire, ne peut pas être regardée comme plane, ainsi qu'on l'a supposé ; mais on conçoit que le résultat approchera d'autant plus d'être exact, que le nombre des divisions, et dans le sens de la hauteur du vaisseau, et dans le sens de sa longueur, sera plus grand.

105. L'opération que l'on vient de décrire est susceptible de quelques réductions ; et en raisonnant comme dans l'article (103), on trouve que pour avoir la distance KX du centre de gravité de la partie submergée de la carène au plan vertical BB''', *il faut* 1°. *pour chaque section horizontale, prendre le* 6e *de la première ordonnée qui est dans le plan BB''', le* 6e *de la dernière, multipliée par le triple du nombre des ordonnées contenues dans la section, moins* 4 ; *puis la seconde ordonnée, le double de la troisième, le triple de la quatrième...., ce qui formera une somme particulière pour chaque section ; ensuite ajouter ensemble la moitié de la première de ces sommes, la moitié de la dernière, et toutes les intermédiaires, ce qui formera un dividende :* 2°. *au quart des quatre ordonnées placées aux angles du rectangle Bbb'''B''', ajouter la moitié de toutes celles qui sont sur le contour de ce rectangle, et en entier toutes celles qui sont dans l'intérieur, ce qui formera un diviseur :* 3°. *diviser le dividende par le*

diviseur, multiplier le quotient par l'intervalle BF parallèle à la distance cherchée KX.

Pour trouver la distance KY du centre de gravité au plan horizontal mené par la quille, il faut opérer sur les sections verticales comme on a opéré sur les sections horizontales dans le cas précédent ; c'est-à-dire, 1°. *pour chaque section verticale, prendre le 6e de l'ordonnée inférieure, le 6e de celle qui est dans le plan de flottaison, multipliée par le triple du nombre des ordonnées de la section, moins 4 ; puis la seconde ordonnée, à partir d'en bas, le double de la troisième, le triple de la quatrième...., ce qui formera pour chaque section une somme particulière ; ensuite ajouter ensemble la moitié de la première de ces sommes, la moitié de la dernière, et toutes les intermédiaires, ce qui formera un dividende :* 2°. *diviser ce dividende par le même diviseur que dans le cas précédent, et multiplier le quotient par l'intervalle BB' parallèle à la distance cherchée KY.*

Remarque.

106. Dans le problême précédent on avoit seulement pour objet de trouver le centre de gravité du volume de la partie plongée de la carène, ou, ce qui revient au même, du volume d'eau déplacé par le vaisseau. Mais s'il étoit question de trouver le centre de gravité du vaisseau lui-même, soit en charge, soit hors de charge, c'est-à-dire, de trouver les distances de ce point au plan horizontal mené par la quille, et au plan vertical perpendiculaire à la quille, il faudroit prendre, par rapport à chacun de ces plans, la somme des momens de toutes les parties qui composent le vaisseau et sa charge, et diviser ensuite chacune de ces sommes par le poids total du vaisseau et de sa charge, en observant, pour prendre les momens, de multiplier, non pas le volume, mais le poids de chaque partie, par la distance du centre de gravité particulier de cette partie au plan par rapport auquel on prend les momens; et les quotiens de ces divisions seroient les distances demandées.

Quant au centre de gravité particulier de chacune des parties du vaisseau et de sa charge, il sera facile à trouver, du moins d'une manière suffisamment approchée, parce qu'on pourra toujours décomposer cette partie en parallélipipèdes, en cylindres, en pyramides, ou en d'autres solides dont nous avons donné le moyen de trouver les centres de gravité.

CHAPITRE IV.

De l'Équilibre des Machines.

107. On appelle *machine* tout instrument destiné à transmettre l'action d'une force déterminée à un point qui ne se trouve pas sur sa direction, de manière que cette force puisse mouvoir un corps auquel elle n'est pas immédiatement appliquée, et le mouvoir suivant une direction différente de la sienne propre.

108. On ne peut en général changer la direction d'une force qu'en décomposant cette force en deux autres, dont l'une soit dirigée vers un point fixe qui la détruise par sa résistance, et dont l'autre agisse suivant la nouvelle direction : cette dernière force,

qui est la seule qui puisse produire quelque effet, est toujours une composante de la première ; et suivant les circonstances, elle peut être ou plus petite ou plus grande qu'elle. En changeant de cette manière les directions et les grandeurs des forces, on peut donc, à l'aide d'une machine, et des points d'appui qu'elle présente, mettre en équilibre deux forces inégales et qui ne sont pas directement opposées.

109. La force dont on a pour objet de changer la direction en employant une machine, se nomme ordinairement *puissance*, et on donne le nom de *résistance* au corps qu'elle doit mouvoir, ou à la force à laquelle elle doit faire équilibre au moyen de la machine.

110. Nous nous proposons seulement ici de trouver les rapports que doivent avoir entre elles la puissance et la résistance appliquées à la même machine, pour que, eu égard à leurs directions, elles soient en équilibre. Nous ferons abstraction des frottemens, c'est-à-dire des difficultés que les différentes parties de la machine peuvent éprouver à glisser ou à rouler les unes sur les autres ; et nous supposerons que les

cordes, lorsqu'il en entrera dans la composition de la machine, soient parfaitement flexibles. Ainsi, après avoir donné à une puissance la grandeur qui convient à l'état d'équilibre dans cette supposition, il ne suffiroit pas de l'augmenter d'une petite quantité pour troubler l'équilibre et mettre la machine en mouvement; il faudroit d'abord l'augmenter de toute la quantité nécessaire pour vaincre les obstacles dont nous venons de faire mention, et ensuite une légère augmentation feroit naître le mouvement.

111. Quoique le nombre des machines soit très-grand, on peut les regarder toutes comme composées de trois machines simples, qui sont les *cordes*, le *levier*, et le *plan incliné*: nous nous contenterons d'exposer les théories de ces trois machines, et de celles qui en sont immédiatement dérivées; il sera facile ensuite, par de simples applications, de trouver le rapport de la puissance à la résistance pour le cas de l'équilibre dans toute machine, quelque compliquée qu'elle soit.

Article I.

De l'équilibre des forces qui agissent les unes sur les autres, au moyen des cordes.

112. Nous supposerons que les cordes sont sans pesanteur ; et parce que la faculté qu'elles ont de transmettre les forces est indépendante de leur grosseur, nous les supposerons réduites à leurs axes, et nous les regarderons comme des lignes droites
Fig. 48. flexibles et inextensibles. Cela posé, considérons d'abord le cas d'équilibre entre trois forces P, Q, R, agissant les unes sur les autres au moyen de trois cordes réunies par un nœud A.

1°. Les trois forces P, Q, R, ne peuvent pas être en équilibre, à moins que leurs trois directions, et par conséquent les cordes au moyen desquelles elles transmettent leurs actions, ne soient dans un même plan (29).

2°. Si l'on représente deux quelconques de ces forces, par exemple, les deux forces P, Q, par les parties AC, AD de leurs directions, et que sur ces droites, comme côtés contigus, on construise le parallélogramme ACBD : la diagonale AD représentera en grandeur

grandeur et en direction la résultante de ces deux forces (36); or les trois forces étant en équilibre, la force R doit être égale et directement opposée à la résultante des deux autres; donc la direction de la force R sera dans le prolongement de BA, et sa grandeur sera représentée par cette diagonale : ainsi l'on aura

$$P : Q : R :: AC : AD : AB;$$

ou, parce que les côtés AD, BC du parallélogramme sont égaux, les trois forces P, Q, R, seront entre elles comme les côtés du triangle ABC.

113. Les angles du triangle ABC étant donnés par les directions des forces P, Q, R, et les grandeurs de ses côtés étant proportionnelles à celles de ces trois forces, il s'ensuit que des six choses que l'on peut considérer dans l'équilibre dont il s'agit, savoir les directions des forces et leurs grandeurs, trois quelconques étant données, on pourra trouver les trois autres dans tous les cas où des six choses que l'on peut considérer dans le triangle ABC, savoir les angles et les côtés, trois étant données, on pourra déterminer les trois autres.

Par exemple, lorsque les trois forces P,

Q, R, seront connues, on trouvera les angles que les cordons doivent faire entre eux pour qu'elles soient en équilibre, en construisant le triangle ABC, dont les côtés soient proportionnels à ces forces. Mais lorsque les directions seront données, on ne pourra connoître que les rapports des trois forces, parce que dans le triangle ABC la connoissance des trois angles détermine seulement le rapport des côtés, et ne détermine pas leurs grandeurs. Ainsi il faudra de plus connoître la grandeur d'une des trois forces P, Q, R, pour trouver celle des deux autres, au moyen de la suite proportionnelle

$$P : Q : R :: AC : BC : AB.$$

Remarque I.

114. Si les trois cordons sont réunis par un nœud coulant, par exemple, si la corde
Fig. 49. PAQ passe dans un anneau attaché à l'extrémité du cordon RA, les conditions que nous venons d'énoncer ne suffisent pas pour établir l'équilibre : il faut de plus que les angles PAB, QAB, formés par les deux parties de la corde, et par le prolongement AB de la direction de l'autre cordon, soient égaux ; car il est évident que, sans cela,

l'anneau A glisseroit sur cette corde du côté du plus grand des deux angles.

Remarque II.

115. Ce que nous venons de dire contient toute la théorie de l'équilibre entre trois puissances appliquées à des cordons réunis en un même nœud ; mais nous avons supposé la construction du parallélogramme ACBD, et on peut énoncer cette théorie indépendamment de toute construction.

En effet, dans tout triangle ABC, les côtés sont proportionnels aux sinus des angles opposés, c'est-à-dire que l'on a Fig. 48.

AC : BC : AB :: *sin.*ABC : *sin.*BAC : *sin.*ACB.

Or les sinus de ces angles sont respectivement les mêmes que ceux de leurs supplémens RAQ, RAP, PAQ ; donc on a aussi

AC : BC : AB :: *sin.*RAQ : *sin.*RAP : *sin.*PAQ,

et par conséquent

P : Q : R :: *sin.* RAQ : *sin.* RAP : *sin.* PAQ ;

c'est-à-dire que *lorsque trois puissances qui agissent par des cordes sur un même nœud, sont en équilibre, chacune d'elles est comme le sinus de l'angle formé par les directions des deux autres.*

COROLLAIRE I.

Fig. 50. 116. Si les cordons AP, AQ, au lieu d'être tirés par deux puissances, sont attachés à deux points fixes en P et Q, et que l'on représente la force R par la diagonale AB du parallélogramme ABCD, les deux côtés AC, AD, représentent les tensions de ces deux cordons, ou les efforts qu'ils exercent sur les points fixes dans le sens de leurs directions.

COROLLAIRE II.

117. Lorsque l'angle PAQ est très-grand, les côtés AC, AD du parallélogramme sont très-grands par rapport à la diagonale AD, et par conséquent les efforts que la puissance R exerce sur les points fixes P, Q, pour les approcher l'un de l'autre, sont très-grands par rapport à cette puissance. On peut donc, au moyen des cordes, mettre une puissance médiocre en état d'exercer une très-grande action.

COROLLAIRE III.

118. Dans le cas d'équilibre, quelque petite que soit la force R, la diagonale AB

qui la représente, n'est pas nulle, et les trois points C, A, D, ne sont pas en ligne droite : donc, en supposant qu'une corde PAQ sans pesanteur soit tendue en ligne droite par deux forces P, Q, la plus petite force R, appliquée en A, la pliera dans ce point, et lui fera faire un angle PAQ. Ainsi il est rigoureusement impossible de tendre une corde pesante en ligne droite, à moins qu'elle ne soit verticale ; car les poids des parties qui la composent peuvent être regardés comme des forces appliquées à cette corde, et qui doivent nécessairement l'écarter de la ligne droite.

COROLLAIRE IV.

119. Si tant de puissances P, Q, R, S, T... Fig. 51.
qu'on voudra, agissent les unes sur les autres par des cordes réunies trois à trois dans un même nœud, il est facile, d'après ce qui précède, de trouver les rapports que ces puissances doivent avoir entre elles, eu égard à leurs directions, pour être en équilibre : car l'équilibre général ne peut avoir lieu, à moins, 1°. que les trois puissances réunies par chaque nœud ne soient en équilibre entre elles ; 2°. que les cordons AB, BC,

qui réunissent deux nœuds, ne soient également tendus dans les deux sens. Donc, en nommant U, X, les tensions des deux cordons AB, BC, on aura (115), à cause de l'équilibre autour du nœud A,

P : Q :: *sin.* QAB : *sin.* PAB,
P : U :: *sin.* QAB : *sin.* PAQ;

à cause de l'équilibre autour du nœud B,

U : R :: *sin.* RBC : *sin.* ABC,
U : X :: *sin.* RBC : *sin.* ABR;

à cause de l'équilibre autour du nœud C,

X : S :: *sin.* SCT : *sin.* BCT,
X : T :: *sin.* SCT : *sin.* BCS.

Et en continuant ces proportions, on trouvera le rapport de deux quelconques de ces puissances, et le rapport d'une d'entre elles, à la tension U, X de quelque cordon que ce soit.

Par exemple, en multipliant par ordre la 2e proportion et la 3e, on trouve

P : R :: *sin.* QAB × *sin.* RBC : *sin.* PAQ × *sin.* ABC;

en multipliant la 2e et la 4e,

P : X :: *sin.* QAB × *sin.* RBC : *sin.* PAQ × *sin.* ABR;

en multipliant la 2e, la 4e et la 5e,

P : S :: *sin.* QAB × *sin.* RBC × *sin.* SCT : *sin.* PAQ × *sin.* ABR × *sin.* BCT ;

en multipliant la 2e, la 4e, la 6e,

P : T :: *sin.* QAB × *sin.* RBC × *sin.* SCT : *sin.* PAQ × *sin.* ABR × *sin.* BCS ;

et ainsi de suite.

Il suit aussi de là que les trois cordons réunis par un même nœud sont dans un même plan (112), quoique ceux qui sont réunis autour de deux nœuds puissent être dans des plans différens.

COROLLAIRE V.

120. Si les forces Q, R, S, sont des poids suspendus par les nœuds A, B, C, à une même corde EABCF, et que cette corde soit retenue par ses extrémités à deux points fixes E, F : Fig. 52.

1°. La corde entière et les cordons des poids Q, R, S, sont dans un même plan vertical ; car les deux parties EA, AB de la corde sont dans le plan vertical mené par le cordon AQ ; pareillement les deux parties AB, BC, sont dans le plan vertical mené par BR : or ces deux plans verticaux passent par la même droite AB, et se confondent ; donc les parties EA, AB, BC de la corde, et les directions des cordons AQ, BR, sont dans un même plan vertical. On démontre de la même manière que la partie CF de la corde et la direction CS sont dans ce même plan, et ainsi de suite.

2°. Les tensions des deux parties extrêmes de la corde sont entre elles réciproquement comme les sinus des angles que ces parties font avec la verticale ; car les angles QAB, ABR, sont supplément l'un de l'autre, et ont le même sinus ; il en est de même des angles RBC, BCS, et ainsi de suite : donc, en négligeant les facteurs communs dans la proportion qui donne le rapport des deux tensions extrêmes P, T, (119) on a

$$P : T :: sin.\ SCT : sin.\ PAQ.$$

3°. La verticale HI, menée par le point de concours G des prolongemens des deux parties extrêmes de la corde, passe par le centre de gravité du système de tous les poids Q, R, S.... car les deux parties extrêmes étant dans un même plan, leurs tensions ont une résultante dont la direction passe par le point G ; de plus, ces tensions supportant le système des poids Q, R, S.... leur résultante doit être verticale, et doit passer par le centre de gravité de ces poids ; donc le point G, et le centre de gravité des poids Q, R, S, sont dans une même verticale.

COROLLAIRE VI.

121. Lorsqu'une corde pesante EHF est suspendue en équilibre à deux points fixes EF, on peut considérer son axe comme un fil sans pesanteur, chargé de poids distribués dans toute son étendue : donc, 1°. cet axe est dans le plan vertical mené par les deux points de suspension ; 2°. si l'on prolonge en EG, FG, les directions des deux élémens extrêmes de cet axe, et que par le point de concours G on mène la verticale IH, les tensions de ces deux élémens sont entre elles réciproquement comme les sinus des angles que ces élémens font avec la verticale ; c'est-à-dire qu'en nommant P et T ces tensions, on a Fig. 53.

$$P : T :: \sin. IGF : \sin. IGE ;$$

3°. le centre de gravité K de la corde est dans la verticale IH.

Enfin, en considérant le poids total Z de la corde comme une force appliquée au point

G de sa direction, on trouvera les efforts que la corde fait sur les deux points d'appui E, F, suivant les directions EG, FG, en décomposant la force Z en deux autres qui agissent dans ces directions, et l'on aura (115)

$$Z : P : T :: sin. EGF : sin. IGF : sin. IGE.$$

Remarque.

122. Jusqu'ici nous avons supposé qu'il n'y eut que trois cordons réunis à chaque nœud, parce que si les cordons rassemblés en un même nœud sont en plus grand nombre et compris dans un même plan, il ne suffit pas de connoître leurs directions pour trouver dans quels rapports doivent être les puissances qui leur sont appliquées, pour être en équilibre ; c'est-à-dire que ces rapports peuvent varier d'une infinité de manières, sans que les forces cessent d'être en équilibre.

En effet, quel que soit le nombre des puissances dirigées dans un même plan, il suffit, pour qu'elles soient en équilibre autour d'un même nœud, que la résultante de deux quelconques d'entre elles soit égale et directement opposée à la résultante de toutes les autres ; donc toutes ces forces, excepté deux, étant prises à volonté, ce qui détermine la grandeur et la direction de leur résultante, on pourra trouver les grandeurs des deux dernières forces qui feront équilibre à cette résultante.

Cependant, lorsque quatre cordons réunis dans un même nœud ne sont pas dans un même plan, leurs directions étant données, les rapports des grandeurs que doivent avoir les forces qui leur sont appliquées pour se faire équilibre, sont déterminées : car nous avons vu (43) que ces forces doivent être entre elles comme la diagonale et les arêtes contiguës du parallélipipède construit sur leurs directions. Mais lorsque les forces ne sont pas dirigées dans un même plan, et que leur nombre est plus grand que quatre, les rapports des forces ne sont plus déterminés par la connoissance des directions des cordons.

Article II.

De l'Équilibre du Levier.

123. Le levier est une verge inflexible ACB (*fig.* 54), ou CAB (*fig.* 55), droite ou courbe, et mobile autour d'un de ses points C; rendu

fixe au moyen d'un obstacle quelconque, et cet obstacle se nomme point d'appui.

124. En supposant d'abord que le levier soit sans pesanteur, et qu'il ne puisse en aucune manière glisser sur le point d'appui, soient P, Q, deux puissances appliquées, ou immédiatement, ou au moyen des cordes AP, BQ, aux deux points A, B d'un levier: Si l'on considère la résistance du point d'appui C comme l'effet d'une troisième force R appliquée au levier dans ce même point, nous avons vu, pour le cas d'équilibre entre ces trois forces, 1°. que leurs directions sont comprises dans un même plan, et concourent en un même point D (30); 2°. que les forces P, Q, sont entre elles réciproquement comme les perpendiculaires CE, CF, abaissées du point d'appui sur leurs directions (35), c'est-à-dire que l'on a

$$P : Q :: CF : CE;$$

3°. que si, à partir du point D, on prend sur les directions des forces P, Q, les droites DL, DM, proportionnelles aux grandeurs de ces forces, et qu'on achève le parallélogramme DLMN, la diagonale DN représente en grandeur et en direction la force R, et par conséquent la résistance du point d'appui (35) ; ainsi l'on a

$$P : Q : R :: DL : DM, \text{ ou } NL : DN ;$$

ou (115),

$$P : Q : R :: sin. QDR : sin. PDR : sin. PDQ.$$

COROLLAIRE I.

125. Si l'on fait abstraction de la résistance du point d'appui, c'est-à-dire, si l'on suppose que ce point soit capable d'une résistance indéfinie, il faut, pour que les deux puissances P, Q, soient en équilibre autour de ce point au moyen du levier, 1°. que leurs directions et le point d'appui soient dans un même plan ; 2°. que les deux forces P, Q, tendent à faire tourner le levier autour du point d'appui C dans des sens opposés, et que leurs momens par rapport à ce point soient égaux ; c'est-à-dire, que l'on ait (68)

$$P \times CE = Q \times CF.$$

COROLLAIRE II.

126. On voit donc, 1°. que, quelque petite que soit la puissance Q, on peut toujours, au moyen d'un levier, la mettre en équilibre autour d'un point d'appui C, avec

une autre puissance P donnée de grandeur et de direction ; car la direction de la force P étant connue, la distance CE de cette direction au point d'appui sera connue, et l'on connoîtra le moment $P \times CE$; il suffira donc de faire en sorte que le moment $Q \times CF$ de la puissance soit égal au précédent ; c'est-à-dire, de diriger cette puissance de manière que sa distance CF au point d'appui soit égale à $\frac{P \times CE}{Q}$, et qu'elle tende à faire tourner le levier dans le sens contraire à la force P.

2°. Que si la distance CF de la direction de la force Q au point d'appui est connue, on trouvera la grandeur que doit avoir cette force pour faire équilibre à la force P, en divisant le moment de cette dernière force par la distance CF ; c'est-à-dire que l'on aura $Q = \frac{P \times CE}{CF}$.

COROLLAIRE III.

127. L'effort ou la charge que supporte le point d'appui C étant égale à la résultante des deux forces P, Q, on trouvera cette charge au moyen de la suite proportionnelle

$$P : Q : R : \sin. QDR : \sin. PDR : \sin. PDQ ;$$

c'est-à-dire que l'on aura,

$$R = \frac{P \times sin.PDQ}{sin.QDR},$$

$$ou\ R = \frac{Q \times sin.PDQ}{sin.PDR}.$$

COROLLAIRE IV.

128. Donc, si la résistance dont le point-d'appui est capable, n'est pas indéfinie, il faut de plus, pour que le point d'appui ne soit pas entraîné, et que l'équilibre subsiste, que la résistance dans le sens CD soit égale à la résultante des deux forces P, Q c'est-à-dire à $\frac{P \times sin.PDQ}{sin.QDR}$, ou, ce qui revient au même, à $\frac{Q \times sin.PDQ}{sin.PDR}$.

COROLLAIRE V.

129. En général, des six choses que l'on peut considérer dans l'équilibre du levier, savoir, les grandeurs et les directions des deux puissances P, Q, et celle de la charge du point d'appui, on voit que trois quelconques étant données, on déterminera les trois autres dans tous les cas; ou des six choses analogues que l'on peut considérer dans le triangle DLN, savoir, les côtés

et les angles, trois étant données, on pourra déterminer les autres.

Remarque I.

130. Si le levier peut glisser sur le point d'appui, les conditions que nous venons d'énoncer ne suffisent pas pour que le levier ne prenne aucun mouvement, et que l'équilibre ait lieu : il faut encore que la direction DC de la charge du point d'appui soit perpendiculaire à la surface du levier au point C ; car si cette direction étoit oblique, le levier auroit une tendance à glisser vers le côté du plus grand angle, et glisseroit en effet toutes les fois que cette tendance seroit plus grande que le frottement sur le point d'appui qui s'oppose à cet effet, comme nous le démontrerons en traitant du plan incliné.

Remarque II.

131. Ce que nous venons de dire contient toute la théorie de l'équilibre de deux puissances appliquées à un levier considéré sans pesanteur, et retenu par un point d'appui ; nous allons en faire l'application à quelques cas simples.

Fig. 56. Si les directions des puissances P, Q, appliquées

appliquées à un levier, sont parallèles entre elles; par exemple, si ce sont deux poids suspendus aux points A, B, la charge que supportera le point d'appui C sera égale à leur somme $P+Q$, et les deux perpendiculaires CE, CF, abaissées du point d'appui sur leurs directions, seront en ligne droite. Donc, si le levier est droit, les triangles ACE, BCF, seront semblables, et donneront

$$CF : CE :: CB : CA.$$

Donc on aura, dans le cas d'équilibre,

$$P : Q :: CB : CA;$$

c'est-à-dire que les poids P, Q, seront entre eux réciproquement comme leurs bras de levier.

Ainsi, étant donnés la grandeur et le bras de levier d'une résistance P, 1°. le bras de levier qu'il faudra donner à une puissance Q pour lui faire équilibre, sera

$$CB = \frac{P \times CA}{Q};$$

2°. la grandeur de la puissance qu'il faudra appliquer au point donné B pour lui faire équilibre sera

$$Q = \frac{P \times CA}{CB}.$$

Enfin, si les deux poids P, Q, et la longueur AB du levier sont donnés, on trouvera le point d'appui C autour duquel ces poids seront en équilibre, en partageant le levier AB en deux parties réciproquement proportionnelles aux deux poids.

Remarque III.

132. Lorsqu'il y a plus de deux puissances appliquées à un même levier, il ne suffit pas de connoître leurs directions et la position du point d'appui pour déterminer les rapports qu'elles doivent avoir pour être en équilibre: mais comme l'équilibre ne peut avoir lieu entre plusieurs forces autour d'un point d'appui, à moins que la résultante de toutes ces forces ne soit détruite par la résistance de ce point, il est clair que, dans ce cas, les conditions de l'équilibre se réduisent aux deux suivantes, 1°. que toutes les forces aient une résultante unique; 2°. que la direction de cette résultante passe pour le point d'appui.

COROLLAIRE.

133. Si les directions de toutes les forces sont comprises dans un même plan, ces

forces ont nécessairement une résultante unique (42), et la première condition se trouve remplie ; il suffit donc alors pour l'équilibre que la direction de cette résultante passe par le point d'appui, ou, ce qui revient au même, que la somme des momens des forces qui tendent à faire tourner le levier dans un sens autour du point d'appui, soit égale à la somme des momens de celles qui tendent à le faire tourner dans le sens opposé.

Remarque IV.

134. Jusqu'ici nous avons fait abstraction du poids même du levier : mais si l'on veut faire entrer ce poids en considération, il faut le regarder comme une nouvelle force appliquée au centre de gravité du levier dans une direction verticale ; et dans le cas de l'équilibre, les conditions dont nous venons de parler ont lieu entre toutes les forces, en y comprenant celle dont il s'agit.

Soient donc P, Q, deux poids suspendus à un levier pesant AB, et en équilibre autour du point d'appui C : on considérera le poids du levier comme un troisième poids S suspendu au centre de gravité G du levier, et la somme des momens des deux poids Q, S, Fig. 57.

par rapport au point d'appui C, sera égale au moment du poids P, c'est-à-dire que l'on aura

$$Q \times CB + S \times CG = P \times CA ;$$

ou, retranchant de ces deux quantité ségales le moment du levier $S \times CG$,

$$Q \times CB = P \times CA - S \times CG.$$

Ainsi, connoissant la longueur et le poids du levier, la position de son centre de gravité, celle du point d'appui, et un des deux poids P, Q, il sera toujours possible d'avoir l'autre poids ; car on aura

$$P = \frac{Q \times CB + S \times CG}{CA},$$

$$\text{et } Q = \frac{P \times CA - S \times CG}{CB}.$$

Quant à la charge du point d'appui, il est évident qu'elle est égale à la somme des poids $P + Q + S$.

Fig. 58. 135. Mais si le poids P suspendu au levier pesant AB est retenu en équilibre autour du point d'appui C, au moyen d'une puissance Q, dont la direction soit verticale et dirigée de bas en haut, le moment de la force Q, qui tend à faire tourner le levier dans un sens, sera égal à la somme des momens des poids P, S, qui tendent à le faire tourner dans le sens contraire, et l'on aura

$$Q \times CB = P \times CA + S \times CG ;$$

ou, retranchant le moment du levier,

$$Q \times CB - S \times CG = P \times CA.$$

Ainsi les grandeurs que les deux forces P, Q, doivent avoir pour se faire équilibre seront

$$P = \frac{Q \times CB - S \times CG}{CA},$$

$$\text{et } Q = \frac{P \times CA + S \times CG}{CB},$$

et la charge du point d'appui sera P+S—Q.

Corollaire.

136. On voit donc qu'en regardant le poids P comme une résistance, et la force Q comme une puissance qui doit lui faire équilibre, ou la vaincre, au moyen du levier AB, le poids de ce levier est une force qui peut être favorable ou nuisible à la puissance, selon que ce poids tend à faire tourner le levier dans le même sens que la puissance, ou dans le sens opposé. Par exemple, dans le cas de la *fig.* 57, le poids du levier favorise la puissance Q; et en alongeant le bras

de levier CB de cette puissance, on la mettroit en état de faire équilibre à une plus grande résistance, pour deux causes : 1°. parce qu'on augmenteroit par-là son moment; 2°. parce qu'on augmenteroit le poids S du levier, qui seul feroit équilibre à une plus grande partie de la résistance. Mais, dans le cas de la *fig.* 58, le poids du levier nuit à la puissance Q, et l'on ne peut pas augmenter la longueur du bras du levier CB, que l'on n'augmente aussi son poids S qui fait partie de la résistance : ainsi, pour qu'il soit avantageux dans ce cas d'alonger le bras du levier, il faut que le moment de cet alongement soit moindre que l'augmentation qui en résulte dans le moment de la puissance.

THÉORÊME.

Fig. 59. 137. *Deux puissances P, Q, appliquées à un levier A B, et en équilibre autour d'un point d'appui C, sont entre elles réciproquement comme les espaces que ces puissances parcouroient suivant leurs directions, si l'équilibre étoit infiniment peu troublé.*

Démonstration. Du point d'appui C

soient abaissées sur les directions des puissances les perpendiculaires CE, CF; et à la place du levier rectiligne AB, considérons le levier coudé ECF, aux extrémités E, F duquel on peut concevoir que les puissances P, Q, sont appliquées; puis supposons qu'en vertu d'un dérangement dans l'équilibre, le levier coudé ECF prenne la position infiniment voisine *eCf*. Cela posé, les petits arcs E*e*, F*f*, seront les espaces que les puissances P, Q, parcourroient en vertu de ce dérangement: or, l'angle ECF du levier coudé étant invariable, les deux angles EC*e*, FC*f*, sont égaux, et l'on a

$$CF : CE :: Ff : Ee ;$$

de plus, à cause de l'équilibre, on a (35)

$$P : Q :: CF : CE ;$$

donc on a aussi

$$P : Q :: Ff : Ee ;$$

donc, etc.

Nous aurons occasion de faire voir dans la suite que la proposition analogue a lieu dans les cas d'équilibre pour toutes les autres machines.

Des Poulies et des Moufles.

I.

Fig. 60, 61. 138. Une *poulie* est une roue GIHD, creusée en gorge à sa circonférence, pour recevoir une corde PGDHQ, et traversée à son centre par un axe E, sur lequel elle peut tourner dans une chape EL.

I I.

139. Concevons que l'axe de la poulie étant fixe, deux forces P, Q, soient appliquées aux extrémités de la corde, et que cette corde, parfaitement flexible, n'exerce aucun frottement sur la gorge de la poulie, en sorte qu'elle puisse glisser librement dans cette gorge. Quelle que soit d'ailleurs la figure de la poulie, c'est-à-dire que l'arc GHD, embrassé par la corde, soit circulaire ou non, il est évident que les deux forces P, Q, ne peuvent se faire réciproquement équilibre, à moins qu'elles ne soient égales; car si elles étoient inégales, la plus grande entraîneroit la plus petite, en faisant glisser la corde dans la gorge de la poulie.

Dans la même supposition, la poulie n'ayant d'autre point fixe que son centre, il est pareillement clair qu'étant tirée par les deux forces P, Q, elle ne peut être en repos, à moins que la résultante de ces deux forces ne soit dirigée vers le centre, et ne soit détruite par la résistance de ce point. Donc, après avoir prolongé les directions PG, QH des deux cordons, jusqu'à ce qu'elles se soient rencontrées quelque part en un point A, et après avoir pris sur ces directions les droites égales AB, AC, pour représenter les forces P, Q, si on achève le parallélogramme ABDC, la diagonale AD, qui représentera la résultante de ces deux forces, doit passer par le point fixe E.

Or, lorsque la figure de la poulie est circulaire, cette dernière condition est toujours remplie : en effet, le triangle ABD étant isocèles, l'angle PAD est égal à l'angle BDA, et par conséquent à l'angle DAC; donc la diagonale AD partage en deux parties égales l'angle BAC. Mais si l'on mène la droite EA, cette droite partage aussi le même angle en deux parties égales; car si par le centre E on mène aux points de contact des cordons les rayons EG, EH, qui seront perpendiculaires aux directions de ces cordons, les deux triangles rectangles EGA,

EHA, seront parfaitement égaux, et l'on aura l'angle EAG de l'un égal à l'angle EAH de l'autre. Donc la droite EA et la diagonale DA auront la même direction.

Donc, le centre d'une poulie étant fixe, et sa figure étant circulaire, il suffit que les deux forces P, Q, soient égales, pour qu'elles soient entre elles en équilibre, et qu'en même temps la poulie soit en repos autour de son axe.

La charge que supporte l'axe de la poulie est évidemment égale à la résultante des deux forces P, Q; donc, si l'on nomme R cette charge, on aura (36)

$$P : Q : R :: AB : AC : AD.$$

Enfin soit menée la sous-tendante GH de l'arc embrassé par la corde, les deux triangles GHE, ABD, seront semblables, parce qu'ils auront leurs côtés perpendiculaires chacun à chacun, et l'on aura

$$AB : AC : AD :: GE : EH : GH;$$

donc on aura

$$P : Q : R :: GE : EH : GH.$$

III.

140. Si l'axe de la poulie n'est pas abso-

lument fixe, mais qu'il soit simplement retenù par la puissance S, au moyen de la chape EL et du cordon LS; pour que cet axe soit en repos, et que les trois forces P, Q, S, soient en équilibre, il faut que la force S soit égale et directement opposée à la charge que supporte l'axe. Donc, 1°. la direction de cette force doit coïncider avec la droite EA; 2°. sa grandeur doit être égale à la résultante R des deux forces P, Q, et l'on aura

$$P : Q : S :: GE : EH : GH.$$

Ainsi, *lorsque deux forces P, Q, appliquées à une corde qui embrasse une poulie, sont en équilibre entre elles, et avec une troisième force S appliquée à l'axe de la poulie,* 1°. *les deux forces P, Q, sont égales entre elles;* 2°. *la direction de la force S partage en deux parties égales l'angle formé par les directions des deux autres;* 3°. *chacune des deux forces P et Q est à la troisième force S comme le rayon de la poulie est à la sous-tendante de l'arc embrassé par la corde.*

COROLLAIRE I.

141. On voit donc que si le cordon de la Fig. 60.

chape, au lieu d'être tiré par une force S, est attaché à un point fixe d'une résistance indéfinie, et si l'on se propose seulement, en employant la poulie, de mettre en équilibre les deux forces P, Q, ou de vaincre une résistance P, à l'aide d'une puissance Q, la poulie ne favorise pas la puissance : elle n'a d'autre effet que de changer la direction de cette force, sans altérer sa grandeur.

Fig. 61. Mais si une des extrémités de la corde qui embrasse la poulie est attachée à un point fixe P, et qu'on ait pour objet, en se servant de la poulie, de mettre une puissance Q en équilibre avec une résistance S, attachée à la chape, la poulie est favorable à cette puissance, qui est toujours moindre que la résistance ; car on a

Q : S :: EH : GH.

COROLLAIRE II.

Fig. 62. 142. Lorsque les directions des deux parties PG, QH de la corde sont parallèles entre elles, et par conséquent à celle du cordon de la chape, la sous-tendante GH devient un diamètre, et est double du rayon ; la suite proportionnelle de l'article (139) devient donc

$$P : Q : S :: 1 : 1 : 2 ;$$

c'est-à-dire que la force S, ou la charge de l'axe de la poulie, est égale à la somme des deux puissances P, Q, ou au double de l'une d'elles. Ainsi, dans le cas de la *fig.* 63, Fig. 63.
la puissance Q, qui, au moyen de la poulie et du point d'appui P, fera équilibre à la résistance S, ne sera que la moitié de cette résistance.

IV.

143. On dit qu'une poulie est immobile, lorsque sa chape est attachée à un point fixe, et que la puissance et la résistance sont appliquées à la corde qui l'embrasse ; mais lorsque la résistance est attachée à la chape, et que la poulie doit se mouvoir avec elle, comme dans les *fig.* 61, 63, on dit que cette poulie est mobile.

Cela posé, soit un nombre quelconque de Fig. 64.
poulies mobiles, et considérées comme non pesantes ; que la première porte un poids P suspendu à sa chape, et soit embrassée par une corde dont une des extrémités soit attachée au point fixe D, et dont l'autre soit

appliquée à la chape de la seconde poulie; que celle-ci soit embrassée par une autre corde, dont une des extrémités soit fixée au point H, et dont l'autre soit attachée à la chape de la poulie suivante; que cette troisième poulie soit embrassée par une troisième corde fixée d'un côté en M, et tirée de l'autre par une puissance Q, et ainsi de suite, si le nombre des poulies étoit plus grand. Enfin, supposant que tout le systême soit en équilibre, soient menés les rayons et les sous-tendantes des poulies, comme on le voit dans la figure. On pourra considérer l'équilibre de la première poulie A comme si cette poulie étoit seule; et nommant X la tension du cordon BX, on aura (141)

$$P : X :: BC : BA.$$

Par la même raison, nommant Y la tension du cordon FY, on aura

$$X : Y :: FG : EF.$$

On aura de même pour la troisième poulie

$$Y : Q :: KL : IK;$$

et ainsi de suite, quel que soit le nombre des poulies. Donc, en multipliant par ordre toutes ces proportions, on aura

$$P : Q :: BC \times FG \times KL : BA \times EF \times IK;$$

c'est-à-dire que la résistance est à la puissance comme le produit des sous-tendantes est au produit des rayons.

COROLLAIRE.

144. Lorsque tous les cordons CD, GH, LM... etc. seront parallèles, les sous-tendantes seront des diamètres, et la proportion précédente deviendra Fig. 65.

$$P : Q :: 2 \times 2 \times 2 : 1 \times 1 \times 1, \text{ ou } :: 8 : 1;$$

d'où l'on voit qu'alors la résistance est à la puissance comme le nombre 2 élevé à une puissance marquée par le nombre des poulies mobiles, est à l'unité.

Ainsi, en augmentant convenablement le nombre des poulies mobiles, on peut mettre une force médiocre en état de faire équilibre à une résistance très-grande. Par exemple, avec trois poulies, et au moyen des points d'appui D, H, M, la puissance fait équilibre à une résistance huit fois plus grande qu'elle.

Quelqu'avantageuse que paroisse d'abord cette disposition des poulies mobiles, on l'emploie rarement, parce que, pour faire parcourir à la première poulie A un certain espace, il faut que la seconde parcoure un espace double, que la troisième en parcoure un quadruple, et ainsi de suite; ce qui exige un trop grand emplacement, et l'on fait plus ordinairement usage des *moufles*.

V.

145. On appelle *moufle* le système de plusieurs poulies assemblées dans la même chape, ou sur des axes particuliers, comme dans les *figures* 66, 67, ou sur le même axe, comme dans la figure 68. On emploie toujours en même temps une moufle fixe et une moufle mobile, et toutes les poulies des deux moufles sont embrassées par une même corde, dont une des extrémités est attachée à une des deux moufles, et dont l'autre extrémité est tirée par la puissance; enfin la résistance est suspendue à la chape de la moufle mobile.

Fig. 66, 67, 68.

On peut donner aux poulies différens diamètres, et les disposer de manière que toutes les parties de la corde qui vont d'une moufle à l'autre soient parallèles entre elles, comme dans les *fig.* 66, 67; mais cette disposition augmente l'étendue des moufles, et on les réduit à un volume plus petit et

plus

plus commode en montant dans chacune d'elles toutes les poulies sur un même axe, comme dans la *fig.* 68. Par-là les cordons qui sont d'un côté des moufles ne sont pas parallèles à ceux qui sont de l'autre côté; mais lorsque la distance des moufles est un peu considérable, le défaut de parallélisme est très-petit, et on peut le regarder comme insensible.

146. En considérant donc les cordons des moufles comme parallèles entre eux, et faisant abstraction du poids de toute la machine, soit Q une puissance en équilibre avec la résistance P suspendue à la chape de la moufle mobile; l'équilibre ne peut pas exister pour toute la machine qu'il n'ait lieu pour chaque poulie en particulier, et que les deux parties de la corde qui embrassent cette poulie ne soient également tendues (140). Ainsi les tensions des deux cordons QA, BC, sont égales; il en est de même de celles des deux cordons BC, DE, de celles des cordons DE, FG, et ainsi de suite, en quelque nombre que soient les cordons. Donc tous les cordons qui vont d'une moufle à l'autre sont également tendus. Or la somme de ces tensions fait équilibre à la résistance P Fig. 66.

et lui est égale ; ou, ce qui revient au même, la tension d'un de ces cordons multipliés par leur nombre est égale à la résistance ; donc la tension d'un de ces cordons, ou la puissance Q, est le quotient de la résistance P divisée par le nombre des cordons qui vont d'une moufle à l'autre.

On voit donc que dans le cas de la *fig.* 66, où l'extrémité de la corde est attachée à la moufle fixe, la puissance Q doit être le sixième de la résistance pour lui faire équilibre, et que dans le cas de la *fig.* 67, où l'extrémité de la corde est attachée à la moufle mobile, elle doit en être le cinquième, parce qu'il y a une poulie et une corde de moins.

Si l'on vouloit faire entrer en considération le poids même de la moufle mobile, on le regarderoit comme faisant partie de la résistance.

Du Tour.

I.

Fig. 69. 147. Le *tour, treuil,* ou *cabestan,* est une machine composée d'un cylindre mobile sur son axe, et d'une corde qui, s'enveloppant par une de ses extrémités autour du cylindre, pendant qu'une puissance Q le fait tourner, entraîne une résistance P attachée à son autre extrémité. Le cylindre est garni à ses deux bases de tourillons A, B, qui portent sur des appuis, et au moyen desquels il peut tourner plus librement sur son axe.

148. Il y a plusieurs manières d'appliquer la puissance à cette machine, pour communiquer au cylindre le mouvement de rotation.

1°. On peut assembler solidement avec le cylindre, et sur le même axe, une roue dont la circonférence, creusée en gorge comme une poulie, est enveloppée par une seconde corde. Cette corde, tirée par la puissance, fait tourner et la roue et le cylindre sur leur axe commun. Cette première disposition, à laquelle nous rapporterons toutes les autres, est rarement employée, parce qu'elle exige que la corde de la roue soit très-longue, lorsque l'espace que doit parcourir la résistance est un peu considérable.

2°. On garnit les jantes de la roue de chevilles également espacées, et auxquelles des hommes s'appliquent par leurs mains; ce qui leur donne le moyen de s'aider d'une partie de leur poids pour faire tourner la machine.

3°. Dans d'autres circonstances, au lieu de la roue, on monte sur le cylindre un grand tambour creux dans lequel des hommes ou des animaux peuvent marcher ; et alors, par leur poids, ils font tourner le tambour et le cylindre.

4°. Quelquefois, au lieu de se servir de roue et de tambour, on traverse le cylindre par des barres perpendiculaires à son axe, et aux extrémités desquelles des hommes agissent par la force de leurs muscles et par une partie de leur poids.

5°. Enfin le plus souvent, et lorsque la résistance n'est pas très-grande, on se contente d'adapter aux extrémités du cylindre une ou deux manivelles que des hommes font tourner en employant la force de leurs bras.

149. Les dénominations de cette machine varient selon son objet, et même selon sa position. Ordinairement on la nomme *tour*, *treuil*, lorsque le cylindre est horizontal, et *cabestan*, lorsque le cylindre est vertical, et qu'on se sert de barres horizontales pour lui communiquer le mouvement.

Il est évident que les différentes manières dont la puissance peut être appliquée au cylindre du tour, se rapportent toutes pour la théorie à la première que nous avons décrite ; car, quelle que soit la direction de la puissance, lorsqu'elle est dirigée dans un plan perpendiculaire à l'axe du cylindre, on peut toujours la concevoir appliquée à une roue dont la circonférence seroit tangente à la direction de cette puissance. Ainsi nous supposerons que UXYZ étant le cylindre du tour, dont l'axe BA est perpendiculaire au plan de la roue hDk, 1°. la puissance Q soit appliquée à la circonférence de cette roue dans une direction quelconque DQ, comprise dans le plan de la roue, et tangente à la circonférence en un point donné D; 2°. que la direction KP de la résistance soit tangente en K à la surface du cylindre, et située dans un plan parallèle à celui de la roue. Enfin, pour fixer les idées, nous supposerons que l'axe AB du cylindre soit horizontal, et par conséquent que la direction KP de la résistance soit verticale. Cela posé, il se présente deux questions à résoudre : la première est de trouver le rapport que doivent avoir la puissance Q et la résistance P pour se faire équilibre ; la seconde est de trouver les charges que sup-

Fig. 69.

portent les points d'appui des deux tourillons A, B.

I I.

150. Pour résoudre la première de ces deux questions, concevons par l'axe du cylindre un plan horizontal KMEN; ce plan passera par le point K, où la direction de la résistance touche la surface du cylindre; de plus il coupera le plan de la roue dans une droite horizontale ME qui passera par le centre C, et il rencontrera la direction de la puissance Q quelque part en un point E. Soit prolongée la droite ME en ES, et par le point E soit menée la verticale ER; les trois droites EQ, ER, ES, étant comprises dans un même plan qui est celui de la roue, on pourra décomposer la puissance Q en deux forces R, S, dirigées suivant EG, EH. Pour cela on représentera cette puissance par la partie EF de sa direction; et en achevant le parallélogramme EGFH, on aura

$$Q : S :: EF : EH,$$

$$Q : R :: EF : EG, \text{ ou } FH;$$

ou parce qu'en menant le rayon CD, les deux triangles rectangles CDE, EHF, seront semblables, et donneront

$$EF : FH : EH :: CE : CD : DE,$$

on aura

$$Q : S :: CE : DE,$$
$$Q : R :: CE : CD.$$

Ainsi à la place de la puissance Q on pourra prendre les deux forces R, S, dont les valeurs

$$R = \frac{Q \times CD}{CE},$$
$$S = \frac{Q \times DE}{CE},$$

sont connues, puisque la direction de la force Q étant donnée, tout est connu dans le triangle CDE.

Or des deux forces R, S, la dernière étant dirigée vers l'axe du cylindre qui est immobile, elle peut être regardée comme immédiatement appliquée au point C, et comme détruite par la résistance de l'axe; cette force ne peut donc contribuer en aucune manière au mouvement de rotation du cylindre, et elle n'a d'autre effet que de comprimer les tourillons contre leurs appuis. Donc il ne reste que la force R qui puisse être employée à faire équilibre à la résistance P.

Actuellement dans le plan horizontal KMEN soit mené le rayon du cylindre KI, qui sera perpendiculaire à l'axe et parallèle à ME ; soit aussi menée la droite KE qui coupera l'axe quelque part en un point L : cela posé, le point L étant dans l'axe, il pourra être regardé comme immobile, et la droite KE pourra être prise pour une verge inflexible, retenue par un point d'appui L, et aux extrémités de laquelle sont appliquées les deux forces R, P : or les directions de ces deux forces sont toutes deux verticales, et par conséquent parallèles; donc, pour qu'elles soient en équilibre, il faut qu'elles soient réciproquement proportionnelles à leurs bras de levier LE, LK, ou que l'on ait

R : P :: KL : LE.

Mais les triangles rectangles semblables KIL, LCE, donnent

KL : LE :: KI : CE ;

donc on aura

R : P :: KI : CE.

Donc, en multipliant par ordre cette proportion et la suivante,

Q : R :: CE : CD,

que nous avons trouvée plus haut, on aura, dans le cas d'équilibre,

Q : P :: KI : CD;

c'est-à-dire que *la puissance sera à la résistance comme le rayon du cylindre est au rayon de la roue ;* ce qui répond à la première question.

En égalant le produit des extrêmes de cette proportion à celui des moyens, on a

$$Q \times CD = P \times KI ;$$

d'où l'on voit que, dans le cas d'équilibre, les momens de la puissance et de la résistance, tous deux pris par rapport à l'axe de cylindre, sont égaux entre eux.

III.

151. Quant aux pressions qu'exercent les tourillons contre les points d'appui, il est clair qu'elles ne peuvent être l'effet que des forces P, Q, et du poids T de la machine ; que l'on peut considérer comme réuni à son centre de gravité *g*, où, en prenant toujours les deux forces R, S à la place de la puissance Q, ces pressions sont produites par les quatre forces P, R, S, T.

Ces forces sont toutes connues : car, 1°. la résistance P et le poids T de la machine sont donnés immédiatement ; 2°. les deux autres forces dont nous avons trouvé que les valeurs sont en général

$$R = \frac{Q \times CD}{CE},$$

$$S = \frac{Q \times DE}{CE},$$

dans le cas d'équilibre, où l'on a $Q \times CD = P \times KI$, deviennent

$$R = \frac{P \times KI}{CE},$$

$$S = \frac{P \times KI \times DE}{CD \times CE},$$

et ne renferment que des quantités connues, puisque la direction de la puissance Q étant donnée, on connoît tout dans le triangle rectangle CDE.

Or les deux forces P, R, dont les directions sont verticales, et qui sont en équilibre autour du point L, exercent sur le point de l'axe une charge dont la direction est verticale, et qui est égale à leur somme P+R. De plus, cette charge P+R, étant portée par les deux points d'appui en A et B, doit être regardée comme la résultante des deux pressions verticales qu'elle exerce en ces points ; et on trouvera chacune de ces pressions en partageant la résultante P+R en deux parties réciproquement proportionnelles aux distances du point L aux deux appuis. Soient donc X la pression qui en résulte au point A, et X′ celle qui en résulte au point B : on trouvera ces deux pressions par les proportions suivantes,

$$AB : BL :: P+R : X,$$
$$AB : AL :: P+R : X'.$$

Pareillement le poids T de toute la machine, supposé réuni au centre de gravité g, peut être regardé comme la résultante des pressions verticales qu'il produit sur les deux points d'appui ; et on trouvera ces pressions en partageant le poids T en deux parties réciproquement proportionnelles aux distances Ag, gB.

Soient donc Y et Y′ les pressions qui en résultent respectivement aux points A et B : on trouvera ces pressions par les deux proportions suivantes,

$$AB : Bg :: T : Y,$$
$$AB : Ag :: T : Y'.$$

Enfin la force horizontale S, appliquée au point C de l'axe, produit sur les deux appuis des pressions horizontales, dirigées perpendiculairement à l'axe AB, et dont elle est la résultante : on trouvera de même ces pressions en partageant la force S en deux parties réciproquement proportionnelles aux droites AC, CB. Soient donc Z, Z', les pressions horizontales produites respectivement sur les points A, B : on trouvera ces pressions par les deux proportions,

$$AB : BC :: S : Z,$$
$$AB : AC :: S : Z'.$$

Ainsi le point d'appui A supporte les deux pressions verticales X, Y, et la pression horizontale Z qui agit dans le sens de la force S. Pareillement le point B éprouve les pressions verticales X', Y', et la pression horizontale Z'. Donc, en composant pour chacun de ces points les forces qui agissent sur lui, on trouvera la grandeur et la direction de leur résultante, et l'on aura la grandeur de la résistance dont il doit être capable, ainsi que le sens dans lequel il doit résister, pour ne pas céder aux efforts réunis de la résistance P, de la puissance Q et du poids T de la machine; ce qui fait l'objet de la seconde question.

I V.

152. Jusqu'ici nous avons regardé les cordes

comme des fils infiniment déliés : mais lorsque le poids P est suspendu à la corde KP, la ligne de direction de ce poids se confond avec l'axe de la corde ; et dans le cas où la corde, en se roulant sur le cylindre, ne change pas de figure, son axe est toujours éloigné de la surface du cylindre d'une quantité égale au demi-diamètre de la corde. Ainsi, à cause de son épaisseur, la corde est dans le même cas que si, étant infiniment déliée et réduite à son axe, elle s'enveloppoit sur un cylindre dont le rayon fût plus grand que le rayon du cylindre de la machine, d'une quantité égale au demi-diamètre de la corde. Il en est de même de la corde de la roue, qui, à cause de son épaisseur, peut être regardée comme une ligne mathématique enveloppée sur une roue dont le rayon est plus grand que celui de la roue du tour, d'une quantité égale au demi-diamètre de cette corde. Donc, dans tous les rapports que nous venons de trouver, il faut augmenter le rayon du cylindre et celui de la roue de quantités respectivement égales aux demi-diamètres des cordes qui les enveloppent. Ainsi, par exemple, dans le cas de l'équilibre du tour, *la puissance Q est à la résistance P comme le rayon du cylindre, augmenté du rayon de la corde KP, est au rayon de la roue augmenté du rayon de la corde DQ.*

V.

Fig. 70. 153. Si plusieurs tours sont disposés de manière que la corde BQ de la roue du premier étant tirée par une puissance Q, la corde CE du cylindre de ce tour, au lieu d'être attachée immédiatement à la résistance, soit enveloppée sur la roue du second; que la corde FH du cylindre du second soit pareillement enveloppée sur la roue du troisième, et ainsi de suite; enfin que la corde IP du cylindre du dernier tour soit appliquée à la résistance P; la puissance et la résistance ne peuvent être en équilibre, à moins qu'il n'y ait équilibre entre les deux forces qui agissent sur chaque tour en particulier. Ainsi, en nommant K la tension de la corde CE, et L celle de la corde FH, dans le cas de l'équilibre général, on a, 1°. à cause de l'équilibre du premier tour (150),

$$Q : K :: CA : AB ;$$

2°. à cause de l'équilibre du second tour,

$$K : L :: DF : DE ;$$

3°. à cause de l'équilibre du troisième tour,

$$L : P :: GI : GH ;$$

et ainsi de suite, quel que soit le nombre des tours. Donc, en multipliant toutes ces proportions par ordre, on a

$$Q : P :: CA \times DF \times GI : AB \times DE \times GH ;$$

c'est-à-dire que la puissance est à la résistance comme le produit des rayons des cylindres est au produit des rayons des roues.

Par exemple, si le rayon de la roue de chaque tour est quadruple du rayon de son cylindre, dans le cas de l'équilibre entre trois tours, on a

$$Q : P :: 1 \times 1 \times 1 : 4 \times 4 \times 4, \text{ ou } :: 1 : 64.$$

On voit donc qu'en multipliant de cette manière le nombre des tours, on pourroit mettre des puissances médiocres en état de faire équilibre à de très-grandes résistances; mais on n'emploie presque jamais cette disposition, parce qu'elle exige de trop grandes longueurs dans les cordes des premiers tours, lorsque l'espace que doit parcourir la résistance est un peu considérable.

V I.

154. Lorsque l'on veut profiter des avan- Fig. 74.

tages de cette disposition, 1°. on supprime les cordes qui transmettent le mouvement d'un tour à l'autre; 2°. on pratique à la circonférence de chaque roue des dents également espacées; 3°. on assemble solidement sur l'arbre de chacune des *roues dentées* une autre roue pareillement dentée, d'un diamètre plus petit, et qu'on appelle *pignon*; 4°. enfin on dispose tout le systême de manière que les dents de chaque pignon engrènent avec les dents de la roue suivante. Par-là une roue ne sauroit tourner sur son axe, à moins que son pignon n'entraîne la roue avec laquelle il engrène, et ne la fasse tourner sur son axe; et le nombre des révolutions que chaque pignon peut faire faire à la roue suivante est illimité. Les choses sont donc dans le même état que si ce pignon, considéré comme le cylindre d'un tour, et la roue avec laquelle il engrène, étoient embrassés par une même corde, comme dans le cas précédent.

Donc, lorsqu'une puissance Q appliquée à la circonférence de la première roue est en équilibre avec une résistance P appliquée à la circonférence du dernier pignon, la puissance est à la résistance comme le produit des

des rayons des pignons est au produit des rayons des roues.

VII.

155. On emploie les roues dentées dans un très-grand nombre de machines, principalement dans les moulins et dans les ouvrages d'horlogerie. Leur objet immédiat est de communiquer à un cylindre ou à un *arbre* un mouvement de rotation sur son axe, à l'aide du mouvement de rotation d'un autre arbre. Pour cela il n'est pas nécessaire que les axes des deux arbres soient parallèles, comme nous l'avons toujours supposé ; il suffit qu'ils soient dans un même plan.

156. Lorsque les axes des deux arbres sont à angles droits, pour l'ordinaire on place les dents perpendiculairement au plan de la roue, comme on le voit *fig.* 72 ; alors elles peuvent engrener avec celles du pignon, ou avec les *fuseaux* de la *lanterne* AB qui fait l'effet d'un pignon ; dans cet engrenage les dents de la roue sont forcées de glisser sur les fuseaux dans le sens de l'axe de la lanterne, ce qui donne lieu à un frottement de plus. Fig. 72.

157. En général, quel que soit l'angle BAC Fig. 73.

que font les axes des deux arbres, pour que le mouvement de rotation de l'un puisse se communiquer à l'autre au moyen de deux roues dentées DEFG, EHIF, et que les dents ne glissent pas les unes sur les autres dans le sens des axes, il faut que ces deux roues soient des tronçons de deux cônes DAE, EAH, qui aient même sommet A, et dont les axes coïncident avec ceux des arbres ; et de plus, que les dents des deux roues soient taillées de manière que leurs surfaces soient dirigées par le sommet commun.

VIII.

158. Le *cric* est encore une machine qui peut se rapporter au tour.

Fig. 71. Le cric simple est composé d'une barre de fer AB, garnie de dents à l'une de ses faces, et mobile dans le sens de sa longueur au dedans d'une châsse DE. Les dents de la barre engrènent avec celles d'un pignon C que l'on fait tourner sur son axe au moyen d'une manivelle F. Les dents du pignon entraînent celles de la barre, et font monter le poids qui repose sur la tête A de la barre, ou qui est soulevé par le crochet B. Cette machine n'est, comme on voit, autre chose qu'un tour, et il est évident que dans le cas d'équilibre, et en supposant que la direction de la puissance soit perpendiculaire au bras de la manivelle, la puissance est à la résistance comme le rayon du pignon est au bras de la manivelle.

Dans le cric composé, les dents du premier pignon engrènent avec celles d'une roue dentée, et les dents du pignon de cette roue engrènent avec celles de la barre. Par-là on met la puissance en état de faire équilibre à une plus grande résistance. Ce cas se rapporte à celui des roues dentées, et nous ne nous étendrons pas davantage à son sujet.

159. Lorsque deux puissances sont en équilibre au moyen d'une poulie ou d'un tour, il est bien évident qu'on peut les considérer comme si elles étoient en équilibre aux extrémités d'un levier dont le point d'appui seroit dans l'axe du tour ou de la poulie ; donc (137) ces puissances sont entre elles réciproquement comme les espaces qu'elles parcourroient suivant leurs directions, si l'équilibre étoit infiniment peu troublé.

ARTICLE III.

De l'Équilibre du Plan incliné.

Fig. 75. 160. On dit qu'un plan ABCD est incliné, lorsqu'il fait un angle avec un plan horizontal ABEF, et que cet angle n'est pas droit.

161. Si par un point quelconque H pris sur la droite AB d'intersection du plan incliné et du plan horizontal on mène deux perpendiculaires à cette droite, l'une HK dans le plan horizontal, et l'autre HI dans le plan incliné, l'angle IHK formé par ces deux perpendiculaires est la mesure de l'inclinaison du plan. Le plan de l'angle IHK, qui passe par deux droites perpendiculaires à AB, est perpendiculaire à la droite AB; donc il est perpendiculaire aux deux plans ABCD et ABEF, qui se coupent dans cette droite; donc ce plan est en même temps vertical et perpendiculaire au plan incliné.

162. Réciproquement tout plan qui est en même temps vertical et perpendiculaire au plan incliné, est perpendiculaire à l'intersection AB du plan incliné avec le plan horizontal; donc les droites HI et HK suivant lesquelles il coupe ces deux derniers

plans sont aussi perpendiculaires à AB, et forment entre elles un angle IHK qui est la mesure de l'inclinaison du plan ABCD par rapport au plan horizontal.

163. Si par le point I on mène une verticale IL, cette droite ne sortira pas du plan de l'angle IHK ; elle rencontrera la droite horizontale HK à laquelle elle sera perpendiculaire, et elle formera un triangle rectangle IHL. L'hypoténuse HI de ce triangle se nomme *longueur* du plan incliné, le côté IL en est la *hauteur*, et l'autre côté HL en est la *base*.

I.

164. Lorsqu'un corps qui touche par un seul point Q un plan immobile ABCD, est poussé par une force unique P, dont la direction PQ, 1°. passe par le point de contact Q, 2°. est perpendiculaire au plan, ce corps reste en repos. Fig. 76.

En effet, on peut concevoir que la force P soit appliquée au point Q de sa direction. Or cette direction étant perpendiculaire au plan, et par conséquent à toutes les droites QR, QS, QT, que l'on peut mener dans le plan par le point Q, elle est semblablement disposée par rapport à toutes ces droites; il n'y a donc pas de raison pour que le point Q se meuve plutôt suivant l'une d'entre elles que suivant toute autre ; donc ce point, et par conséquent tout le corps, restera en repos.

Fig. 77. 165. Les conditions qu'on vient de rapporter sont toutes deux nécessaires pour que le corps reste en repos : car, 1°. si la direction PI de la force ne passe pas par le point de contact, rien n'empêche le point G du corps qui est sur cette direction, de s'approcher du plan, et le corps doit se mettre
Fig. 78. en mouvement. 2°. Si la direction PQ de la force passe par le point de contact, et n'est pas perpendiculaire au plan, en concevant toujours cette force appliquée au point Q, soit prolongée sa direction en QR, et par le point Q soit menée la droite QS perpendiculaire au plan ; par les deux droites QR, QS, soit mené un plan qui coupera le premier plan ABCD quelque part dans une droite HI qui passera par le point Q. Cela posé, si l'on représente la force P par la partie QR de sa direction, et qu'on achève le parallélogramme QTRS, à la place de la force P on pourra prendre les deux

forces représentées par QS et QT. Or la force QS qui passe par le point de contact, et dont la direction est perpendiculaire au plan ABCD, sera détruite par la résistance de ce plan (164) : mais rien ne s'opposera à l'action de la force QT dont la direction est parallèle au plan ; le point Q se mouvra donc dans le sens QH, et le corps ne sera pas en repos.

166. Il suit de là que lorsqu'un corps Fig. 79. animé par la seule action de sa pesanteur repose en équilibre sur un plan ABCD qu'il touche à un seul point Q, 1°. le centre de gravité P de ce corps et le point de contact Q sont dans une même verticale : 2°. le plan ABCD est horizontal ; car le poids du corps pouvant être regardé comme une force unique appliquée à son centre de gravité, le corps ne peut être en repos, à moins que la direction de cette force ne passe par le point de contact et ne soit perpendiculaire au plan sur lequel le corps est appuyé.

167. Il suit encore que lorsqu'un corps Fig. 78. animé par la seule action de la pesanteur est appuyé sur un plan incliné ABCD par un seul de ses points Q, et que ce point se trouve dans la verticale menée par le

centre de gravité, ce corps doit tendre à glisser sur le plan, et la direction QH, suivant laquelle le point Q tend à se mouvoir, est l'intersection du plan ABCD avec le plan IHK, qui est en même temps vertical et perpendiculaire au plan incliné.

Fig. 80. 168. Ce que nous venons de dire d'un corps poussé par une seule force contre un plan, doit s'appliquer à un corps poussé contre une surface courbe AQB qu'il ne touche qu'en un point Q; c'est-à-dire que ce corps ne peut être en repos, à moins que la direction de la force qui le pousse ne passe par le point Q, et qu'elle ne soit perpendiculaire à la surface courbe en ce point: car ce corps peut être considéré comme appuyé sur le plan DE qui seroit tangent à la surface courbe au point Q.

169. On voit donc que lorsqu'un levier peut glisser sur son point d'appui, il ne suffit pas, pour qu'il reste en repos, que la résultante des deux puissances qui sont appliquées à ce levier soit dirigée vers le point d'appui; il faut encore que la direction de cette résultante soit perpendiculaire à la surface du levier dans le point où il touche l'appui.

II.

170. Lorsqu'un corps poussé par une force unique P contre un plan immobile ABCD est appuyé sur ce plan par une base finie UXYZ, si la direction PQ de la force rencontre la base quelque part en un point Q, et si elle est en même temps perpendiculaire au plan, le corps reste en repos ; car nous avons vu (164) que si la base étoit réduite au seul point Q, le repos auroit lieu : il est évident que les autres points d'appui que présente la base ne peuvent pas le troubler. Fig. 81.

On démontrera, comme dans l'article (165), que ces conditions sont toutes deux nécessaires pour que le corps reste en repos : l'effet de la première est d'empêcher le corps de tourner sur un des côtés de sa base ; l'effet de la seconde est de l'empêcher de glisser sur le plan ABCD.

171. Si le corps, au lieu d'être appuyé sur le plan par une base continue, le touche simplement par plusieurs points séparés les uns des autres, on peut regarder ces points comme les sommets des angles d'une base polygonale, et le corps est en repos lorsque la direction de la force qui le pousse contre

le plan, est perpendiculaire à ce plan, et qu'en même temps elle passe par l'intérieur du polygone.

Fig. 82. Ainsi le poids d'un corps pouvant être regardé comme une force appliquée à son centre de gravité P, et dont la direction est verticale, on voit, 1°. qu'un corps qui repose par sa base sur un plan horizontal ABCD, ne peut être stable, à moins que la verticale PQ menée par le centre de gravité ne rencontre un point quelconque Q de la base; 2°. que si le corps pose sur le plan par un certain nombre de points d'appui, U,X,Y, etc... il ne peut être stable, à moins que la verticale PQ menée par son centre de gravité P ne passe par un point Q pris dans l'intérieur du polygone UXY, que l'on formeroit en joignant les points d'appui extérieurs par des droites UX, XY, YU.

III.

172. Jusqu'ici nous avons supposé que le corps appuyé contre un plan étoit poussé par une force unique; mais il est évident que si le corps est poussé par plusieurs forces en même temps, il ne peut être en repos,

à moins que la résultante de toutes ces forces ne satisfasse aux conditions précédentes, c'est-à-dire, à moins que la direction de cette résultante ne soit perpendiculaire au plan, et qu'elle ne passe par la base du corps. Il y a donc dans ce cas une troisième condition nécessaire au repos du corps, et cette condition est que toutes les forces qui agissent sur lui aient une résultante.

Toute la théorie de l'équilibre d'un corps poussé par tant de forces qu'on voudra, et appuyé contre un seul plan résistant, consiste dans la recherche des directions et des grandeurs que ces forces doivent avoir pour que les trois conditions que nous venons d'énoncer soient remplies. Nous nous contenterons de la développer pour quelques cas simples, et principalement pour celui où le corps est poussé par deux forces.

IV.

173. Soit donc LUZ un corps appuyé par une base UXYZ contre un plan résistant ABCD, et tiré en même temps par deux forces R, S. D'après ce qui précède pour que le corps soit en repos, il faut, 1°. que les deux forces R, S aient une résultante : Fig. 81.

or deux forces ne peuvent avoir une résultante, à moins que leurs directions ne soient dans un même plan (29) ; donc 1°. les directions des deux forces R,S, doivent être comprises dans un même plan, et concourir en un certain point N.

2°. Il faut que la direction PQ de la résultante des deux forces R,S, soit perpendiculaire au plan ABCD : or la résultante de deux forces est toujours comprise dans le plan mené par leurs directions ; donc 2°. le plan dans lequel sont dirigées les deux forces R, S, doit être perpendiculaire au plan ABCD.

3°. Il faut que la direction PQ de la résultante passe par un point Q de la base.

174. Il suit de là que si l'une des deux forces, par exemple la force R, est le poids du corps que l'on peut considérer comme appliqué au centre de gravité M, et dont la direction MR est verticale, le corps ne peut rester en repos sur le plan incliné ABCD, à moins que la direction NS de l'autre force ne soit comprise dans un plan vertical, mené par le centre de gravité M, perpendiculairement au plan incliné, et que de plus la direction PQ de la résultante des

deux forces ne soit perpendiculaire au plan incliné, et ne passe par un point Q de la base du corps.

Actuellement toutes ces conditions qui sont relatives aux directions des forces, étant supposées remplies, cherchons les rapports que les deux forces R, S et la charge P du plan ont entre elles dans le cas de l'équilibre.

V.

175. Soit LXU un corps appuyé par sa base UX sur un plan résistant HI, et maintenu en repos contre ce plan par les deux forces R, S. Après avoir prolongé les directions des deux forces jusqu'à ce qu'elles se soient rencontrées en un point N, soit menée par ce point la droite NP perpendiculaire au plan HI. Nous avons vu que cette droite sera la direction de la résultante des deux forces R, S. Donc, si l'on représente cette résultante par la partie NE de sa direction, et si, en menant par le point E les droites EG, EF, parallèles aux directions des forces R, S, on achève le parallélogramme NFEG, les côtés NF, NG, représenteront les grandeurs des forces R, S. Fig. 83.

Donc, en nommant P la charge du plan qui est égale à la résultante, on aura

R : S : P :: NF : NG, ou FE : NE.

Pour avoir les rapports de ces trois forces exprimés en quantités indépendantes de la construction du parallélogramme NFEG, on remarquera que dans le triangle NEF les côtés sont entre eux dans le rapport des sinus des angles opposés, ou que l'on a

NF : FE : EN :: *sin.* NEF : *sin.* FNE : *sin.* NFE.

Donc on aura

R : S : P :: *sin.* NEF : *sin.* FNE : *sin.* NFE.

Or ces trois angles sont ceux que forment entre elles les directions des trois forces R, S, P; donc ces forces sont entre elles chacune comme le sinus de l'angle que forment les directions des deux autres.

On voit donc que des six choses que l'on peut considérer dans cet équilibre, et qui sont les directions des trois forces et leurs grandeurs, trois quelconques étant données, on déterminera les trois autres, dans tous les cas où des six choses que l'on considère dans le triangle NEF, savoir, les angles et les côtés, les trois analogues étant données, on pourra déterminer les trois autres.

176. Si l'une des forces, par exemple la force R, est le poids du corps, dont la direction est verticale et passe par le centre de gravité M, et que la direction de la force S qui retient le corps en équilibre sur le plan incliné, soit parallèle à ce plan, soient menées la base HK et la hauteur KI du plan incliné, les triangles rectangles NFE, IHK, seront semblables, parce que les angles NFE, HIK, dont les côtés sont parallèles chacun à chacun, seront égaux, et l'on aura Fig. 84.

$$NF : FE : EN :: HI : IK : KH ;$$

donc on aura aussi

$$R : S : P :: HI : IK : KH.$$

Ainsi, dans ce cas, le poids du corps est à la force qui le tient en équilibre, comme la longueur du plan incliné est à sa hauteur.

177. En supposant toujours que la force R soit le poids du corps, si la direction de la force S est horizontale, et par conséquent parallèle à la base HK du plan incliné, les triangles rectangles NFE, HKI, sont encore semblables, parce que les côtés de Fig. 85.

l'un seront perpendiculaires aux côtés de l'autre, et l'on aura

NF : FE : EN :: HK : KI : IH.

On aura donc aussi

R : S : P :: HK : KI : IH.

Donc alors le poids du corps est à la force qui le tient en équilibre, comme la base du plan incliné est à sa hauteur.

VI.

Fig. 86. 178. Considérons actuellement l'équilibre d'un corps soutenu par deux plans inclinés. Soit M un corps soumis à la seule action de la pesanteur, et retenu par les deux plans inclinés ABCD, ABEF, qui se coupent quelque part dans la droite AB. Soient H, I, les points par lesquels le corps touche les deux plans, et GR la verticale menée par son centre de gravité, et qui sera par conséquent la direction de son poids. Il est évident que ce corps ne peut rester en repos, à moins que son poids R ne puisse se décomposer en deux autres forces P, Q, appliquées au même corps, et qui soient détruites par les résistances des deux plans; ou, ce qui revient au même, à moins que les

les directions des deux forces P, Q, ne passent par les points d'appui H, I, et ne soient perpendiculaires chacun au plan incliné correspondant : or la direction d'une force et celles de ses deux composantes sont comprises dans un même plan, et se rencontrent nécessairement en un même point; donc, pour que le corps M puisse rester en repos entre les deux plans inclinés, il faut que les perpendiculaires IG, HG, menées par les points d'appui I, H, aux deux plans inclinés, soient dans un même plan avec la verticale menée par le centre de gravité du corps, et rencontrent cette verticale en un même point G.

179. Il suit de là que pour qu'un corps M soit en repos entre deux plans inclinés, indépendamment de la position du corps, les plans doivent satisfaire à la condition que la droite AB de leur intersection soit horizontale. En effet, le plan IGH, qui doit contenir la verticale GR, et les perpendiculaires IG, HG, aux deux plans inclinés, est en même temps vertical et perpendiculaire à ces deux plans : donc, réciproquement, les deux plans inclinés doivent être perpendiculaires au plan vertical IGH; donc

M

la droite AB de leur intersection doit être perpendiculaire à ce même plan, et par conséquent horizontale.

180. Ces conditions, qui ont pour objet les positions respectives du corps et des deux plans inclinés, étant supposées remplies, pour trouver le rapport du poids R du corps aux charges P, Q, que supportent les deux plans, nous remarquerons que le plan IGH, vertical et perpendiculaire aux deux plans inclinés, contenant les angles que ces deux plans forment avec l'horizon, renferme tout ce qui est relatif à la question, et qu'on peut se contenter de le considérer seul comme dans la *figure* 87. Soient donc AD, AF, les
Fig. 87. intersections du plan vertical IGH avec les deux plans inclinés; ces droites forment, avec l'horizontale UZ, ou avec toute autre horizontale HY, des angles qui mesureront les inclinaisons des deux plans. Cela posé, si l'on représente le poids du corps par la partie GR de sa direction, et qu'on achève le parallélogramme GPRQ, on aura

$$R : P : Q :: GR : RQ : QG.$$

Or les triangles GQR, HAY, dont les côtés sont perpendiculaires chacun à chacun, donnent

GR : RQ : QG :: HY : YA : AH ;

donc on aura aussi

R : P : Q :: HY : YA : AH ;

ou enfin, parce que les côtés du triangle HAY sont proportionnels aux sinus des angles opposés, on aura

R : P : Q :: *sin.* YAH : *sin.* AHY : *sin.* HYA ;

c'est-à-dire qu'en représentant le poids du corps par le sinus de l'angle que forment entre eux les deux plans inclinés, les charges que supportent ces deux plans sont entre elles réciproquement comme les sinus des angles que ces plans forment avec l'horizon.

VII.

181. Enfin, si un corps est appuyé par trois points A, B, C, sur trois plans inclinés, il est évident que ce corps ne pourra rester en repos, à moins que son poids P, dont la direction DP est verticale, et passe par le centre de gravité du corps, ne puisse se décomposer en trois autres forces Q, R, S, qui soient détruites par les résistances des plans inclinés ; c'est-à-dire, à moins que les directions des trois forces Q, R, S, ne passent par les trois points d'appui, et ne Fig. 88.

soient perpendiculaires chacune au plan incliné correspondant.

182. Pour que le corps soit en repos, il faut donc que son poids P puisse se décomposer en deux forces Q, X, dont la première Q étant dirigée vers un des points d'appui A, perpendiculairement au plan incliné qui passe par ce point, l'autre force X puisse elle-même se décomposer en deux autres R, S, dirigées vers les deux autres points d'appui B, C, perpendiculairement chacune à chacun des deux autres plans inclinés.

On voit donc que dans ce cas il n'est pas nécessaire que les perpendiculaires aux plans inclinés, menées par les points de contact A, B, C, se rencontrent toutes trois en un même point, ni même qu'elles rencontrent toutes trois la verticale menée par le centre de gravité du corps.

THÉORÊME.

Fig. 89. 183. *Lorsqu'un corps sans pesanteur, appuyé contre un plan incliné BC par un point unique C, est en équilibre entre deux puissances P, Q, ces puissances sont entre elles réciproquement comme les espaces qu'elles parcourroient suivant leurs directions, si l'équilibre étoit infiniment peu troublé.*

DÉMONSTRATION. Les deux puissances P, Q, étant en équilibre, leur résultante doit être perpendiculaire au plan incliné, et passer par le point d'appui C (172) ; il suit de là que les directions de ces puissances doivent concourir en un certain point G (29), et que la droite GC doit être perpendiculaire au plan incliné. Cela posé, du point C soient abaissées sur les directions des puissances P, Q, les perpendiculaires CE, CF : il est évident que l'angle ECF, supposé invariable, peut être considéré comme un levier coudé, aux extrémités duquel sont appliquées les deux puissances en équilibre autour du point d'appui C ; donc on démontrera, comme dans l'article 137, que les puissances sont entre elles réciproquement comme les espaces qu'elles parcourroient suivant leurs directions, si l'équilibre étoit infiniment peu troublé.

De la Vis.

184. Si l'on conçoit qu'un cylindre ABCD Fig. 90. soit enveloppé d'un fil AGHIK.... disposé de

manière que les angles FLO, FMP, FNQ.... formés par la direction du fil avec des droites menées sur la surface du cylindre parallèlement à l'axe, soient par-tout égaux entre eux, la courbe que trace le fil sur la surface du cylindre se nomme *hélice*.

185. Il suit de là que si l'on développe la surface du cylindre, et qu'on l'étende sur un plan, comme on voit en *abcd*, 1°. le développement *ah'* ou *hk'* d'une révolution de l'hélice sera une ligne droite, parce que les angles que cette ligne formera avec toutes les droites, telles que *ef*, menées parallèlement au côté *ad*, seront égaux entre eux. 2°. Ce développement *ah'* d'une révolution d'hélice sera l'hypoténuse d'un triangle rectangle *abh'* dont la base *ab* sera égale à la circonférence de la base du cylindre, et dont la hauteur *bh'* sera égale à la distance de la révolution que l'on considère, la révolution qui la suit. 3°. Toutes les hypoténuses *ah'*, *hk'* étant parallèles entre elles, les triangles rectangles *abh'*, *hh'k'*.... etc., seront tous égaux et semblables, et auront des hauteurs égales. Donc les intervalles LM, MN.... entre deux révolutions consécutives de l'hélice considérée sur la surface du cylindre sont par-tout égaux entre eux.

186. Cela posé, *la vis* peut être considérée comme un cylindre droit, enveloppé d'un filet saillant, adhérent et roulé en hélice sur la surface du cylindre. Le plus souvent la forme du filet est telle, que si on le coupe par un plan mené par l'axe du cylindre, sa section est un triangle isoscèle, comme on voit *fig.* 92. Mais dans les grandes vis que l'on exécute avec soin, la section du filet est rectangulaire, comme dans la *fig.* 91. L'intervalle constant AB qui se trouve entre deux révolutions consécutives du filet, se nomme *hauteur du pas de la vis*, ou simplement *pas de la vis*. Fig. 91, 92.

187. La pièce MN dans laquelle entre la vis, se nomme *écrou*. Sa cavité est revêtue d'un autre filet saillant, adhérent, plié de même en hélice, et dont la figure est telle, qu'il remplit exactement les intervalles que laissent entre eux les filets de la vis. Par-là la vis peut tourner dans son écrou, mais elle ne peut le faire sans se mouvoir dans le sens de son axe; et, pour une révolution entière, elle se meut dans le sens de l'axe d'une quantité égale au pas de la vis.

188. Quelquefois la vis est fixe, et l'écrou se meut autour d'elle; alors, pour chaque

révolution, l'écrou se transporte sur la vis d'une quantité égale au pas.

189. La vis peut servir à élever des poids, ou à vaincre des résistances; mais on l'emploie le plus ordinairement lorsqu'on se propose d'exercer de grandes pressions. Pour cela on applique une puissance Q à l'extrémité d'une barre qui traverse la tête de la vis (*fig.* 92) ou l'écrou (*fig.* 91), selon que c'est l'une ou l'autre de ces deux pièces qui est mobile: et cette puissance, en faisant tourner la pièce à laquelle elle est appliquée, fait avancer la tête de la vis vers l'écrou, ou réciproquement, et donne lieu à ces deux pièces de comprimer les objets qui sont compris entre elles.

Nous nous proposons ici, en faisant abstraction du frottement, de trouver le rapport de la puissance Q à la résistance P qui lui fait équilibre, en s'opposant au mouvement de la pièce mobile, suivant une direction parallèle à l'axe de la vis; et parce que l'effet est absolument le même, soit que la vis tourne dans son écrou, soit que l'écrou tourne sur la vis, nous nous contenterons d'examiner ce dernier cas.

Fig. 91. 190. La vis étant fixe et dans une situation

verticale, concevons que l'écrou soit abandonné à l'action de la pesanteur, et même, si l'on veut, qu'il soit chargé d'un poids étranger : il est clair qu'il descendra en tournant, et qu'il parcourra tous les filets inférieurs de la vis, en glissant sur eux comme sur des surfaces inclinées. Il est clair aussi qu'on s'opposera à cet effet en empêchant l'écrou de tourner autour de la vis, et par conséquent en appliquant à l'extrémité de la barre FV une puissance Q qui soit dirigée perpendiculairement à cette barre, et dans un plan perpendiculaire à l'axe de la vis.

191. Supposons, pour un instant, que l'écrou ne pose sur la surface du filet de la vis qu'en un seul point ; ce point, pendant le mouvement de l'écrou, décrira une hélice dont le pas sera le même que celui de la vis ; et qu'on pourra concevoir tracé sur la surface d'un cylindre dont le rayon seroit égal à la distance du point décrivant, à l'axe de la vis. Soient donc ABCD le cylindre, EFGHI.... l'hélice dont il s'agit, et M le point de l'écrou qui la décrit. Soit XY la tangente de l'hélice au point M ; par un point Y de cette tangente soit menée la verticale YZ, égale au pas de l'hélice, et dans Fig. 93.

le plan vertical XYZ la droite horizontale XZ : il est clair que cette dernière droite sera égale à la circonférence de la base du cylindre ABCD (185), ou à la circonférence du cercle dont le rayon est CF, et nous la représenterons par *circ.* CF.

Cela posé, le point M, que l'on peut regarder comme chargé de tout le poids P de l'écrou, sera appuyé sur l'hélice comme s'il étoit sur le plan incliné XY : ainsi, pour le tenir en équilibre au moyen d'une force R qui lui seroit immédiatement appliquée, et qui seroit dirigée parallèlement à XZ, il faudroit (177) que cette force R fût au poids P comme la hauteur du plan incliné est à sa base, ou que l'on eût

R : P :: YZ : *circ.* CF.

Mais si au lieu d'une force R immédiatement appliquée au point M, on emploie une force
Fig. 91. Q (*fig.* 91), dont la direction soit parallèle à celle de la première, et qui agisse à l'extrémité d'une barre CV, il faudra que cette force exerce sur le point M le même effort que la force R, et pour cela que ces forces soient entre elles réciproquement comme leurs distances à l'axe du cylindre, c'est-à-dire que l'on ait

Q : R :: CF : VF ;

où, parce que les circonférences des cercles sont entre elles comme leurs rayons, il faudra que l'on ait

Q : R :: *circ.* CF : *circ.* VF.

Donc, en multipliant par ordre cette proportion et la première, on aura

Q : P :: YZ : *circ.* VF ;

c'est-à-dire que la puissance qui retiendra l'écrou en équilibre sera au poids de l'écrou comme le pas de la vis est à la circonférence du cercle que tend à décrire la puissance.

192. Puisque la distance du point M à l'axe de la vis n'entre pas dans cette proportion, il s'ensuit que, quelle que soit cette distance, le rapport du poids P de l'écrou à la puissance Q qui lui fait équilibre, est toujours le même, pourvu que cette puissance soit toujours appliquée au même point.

193. Si le filet de l'écrou est appuyé sur celui de la vis par plusieurs points inégalement éloignés de l'axe de la vis, comme cela arrive ordinairement, le poids total de l'écrou pourra être regardé comme partagé en poids partiels, appliqués chacun à un des points d'appui. Or la puissance partielle,

Fig. 91. appliquée au point V, et qui fait équilibre à un de ces poids en particulier, est à ce poids dans le rapport constant du pas de la vis à la circonférence que tend à décrire la puissance. Donc la somme des poids partiels, ou le poids total de l'écrou, est à la somme des puissances partielles, ou à la puissance totale Q, dans ce même rapport.

194. Il suit de là, 1°. que la force qu'il faudroit appliquer à l'écrou parallèlement à l'axe de la vis pour faire équilibre à la puissance Q qui tend à faire tourner l'écrou, doit être à cette puissance comme la circonférence du cercle que cette puissance tend à décrire, est à la hauteur du pas de la vis :

2°. Que pour une même vis l'effet de la puissance Q est d'autant plus grand, que cette puissance est appliquée plus loin de l'axe de la vis :

3°. Que pour deux vis différentes, la puissance étant appliquée à la même distance de l'axe, son effet est d'autant plus considérable que la hauteur du pas de la vis est moindre ; c'est-à-dire que plus les filets de la vis sont serrés, plus la puissance a d'effet pour comprimer dans le sens de l'axe.

II.

195. On emploie quelquefois la vis pour communiquer à une roue dentée un mouvement de rotation sur son arbre. Pour cela, après avoir donné à la vis une hauteur de pas DE égale à une des divisions de la roue dentée, on la dispose de manière que son axe soit dans le plan de la roue, et que son filet engrène avec les dents. Cela posé, lorsqu'une puissance Q fait tourner la vis sur son axe, au moyen d'une manivelle FG, le filet entraîne les dents qui se succèdent les unes aux autres, et il fait tourner la roue, malgré la résistance P qui s'oppose à son mouvement de rotation. Fig. 94.

Lorsqu'on emploie la vis à cet usage, on la nomme *vis sans fin*.

Pour trouver le rapport de la puissance Q à la résistance P dans le cas d'équilibre, supposons que la résistance soit un poids suspendu à une corde qui enveloppe l'arbre de la roue. En vertu de ce poids, la dent de la roue presse le filet de la vis parallèlement à l'axe HF; et si l'on nomme R cette pression, on a (150)

$$P : R :: AC : AB.$$

Actuellement on peut regarder la pression de la dent comme celle qu'exerceroit un écrou poussé par une force R parallèlement à l'axe de la vis ; on a dans le cas d'équilibre

$$R : Q :: circ. FG : DE ;$$

donc, en multipliant les deux proportions par ordre, on a

$$P : Q :: AC \times circ. FG : AB \times DE ;$$

c'est-à-dire que la puissance est à la résistance comme le produit du rayon de la roue par la circonférence que décrit la manivelle, est au produit du rayon de l'arbre de la roue par le pas de la vis.

Du Coin.

Fig. 95. 196. Le coin est un prisme triangulaire ABCDEF que l'on introduit par son arête tranchante EF dans une fente pour écarter ou séparer les deux parties d'un corps. On s'en sert aussi pour exercer de grandes pressions, ou pour tendre des cordes.

Les couteaux, les haches, les poinçons, et en général tous les instrumens tranchans et pénétrans, peuvent être considérés comme des coins.

La face ABCD sur laquelle on frappe

pour enfoncer le coin, ou qui reçoit l'action de la puissance, se nomme la *tête du coin ;* on appelle *tranchant* l'arête EF par laquelle le coin commence à s'enfoncer ; et on donne le nom de *côtés* aux faces AFED, BFEC, par lesquelles il comprime les corps qu'il doit écarter : ou, parce qu'on a coutume de représenter le coin par son profil triangulaire ABF, la base AB du triangle s'appelle la tête du coin ; AF et BF en sont les côtés.

197. On a coutume de supposer que la direction de la puissance est perpendiculaire à la tête du coin, parce que pour l'ordinaire on enfonce le coin en frappant sur sa tête avec un marteau, ou avec tout autre objet qui n'a pas d'adhérence avec lui, et que dans ce cas, si la direction CD du choc n'est pas perpendiculaire à la surface de la tête, l'action se décompose naturellement en deux autres CH, CE, dont la première étant parallèle à la tête du coin, ne peut avoir d'autre effet que de faire glisser le marteau, et dont la seconde étant perpendiculaire à la face AB, est la seule qui se transmette au coin, et concourt à l'effet que l'on veut produire. Mais si la puissance Fig. 96.

étoit appliquée au coin par le moyen d'une corde dont le point d'attache ne pût pas glisser, alors, en considérant cette puissance, il faudroit tenir compte de sa direction.

I.

Fig. 97. 198. Soient C,D, deux points séparés par un coin ABF, et retenus par une corde CD qui leur est attachée, et qui s'oppose à leur écartement; supposons de plus que ces points soient appuyés contre un plan résistant qui les empêche de se mouvoir dans un sens perpendiculaire à la corde, et qu'une puissance P, appliquée perpendiculairement à la tête AB du coin, fasse effort pour les écarter et les mouvoir dans le sens de la longueur de cette corde. Cela posé, il s'agit de déterminer, 1°. la tension qui en résulte dans la corde CD; 2°. la force qu'il faut appliquer à l'un des deux points C, D, pour les empêcher de se mouvoir dans le sens de la corde; 3°. la pression que chacun de ces points exerce sur le plan qui leur résiste.

Il faut remarquer d'abord que, si la direction de la puissance P n'est pas telle qu'elle puisse se décomposer en deux autres Q,R, dont les directions passent par les points

C,

C, D, et soient perpendiculaires aux côtés AF, BF, le coin tournera entre les deux points C, D, jusqu'à ce que cette condition soit remplie, et que ce sera alors seulement que la puissance P produira tout son effet. Nous supposerons donc de plus qu'après avoir mené par les points C, D, les droites CE, DE, perpendiculaires aux côtés du coin, le point E de rencontre de ces deux droites soit sur la direction de la puissance P.

D'après cela, la force P se décomposera en deux autres forces Q, R, dirigées suivant EC, ED; et si l'on représente cette force par la partie EX de sa direction et qu'on achève le parallélogramme EZXY, on aura

$$P : Q : R :: EX : EY : EZ \text{ ou } YX\,;$$

ou, parce que les deux triangles EYX et ABF dont les côtés sont perpendiculaires chacun à chacun, sont semblables, on aura

$$P : Q : R :: AB : AF : BF\,;$$

et par conséquent,

$$Q = \frac{P \times AF}{AB},$$

$$R = \frac{P \times BF}{AB}.$$

Le point C ne pouvant pas se mouvoir

dans la direction ECH, à cause de la résistance du plan sur lequel il est appuyé, la force Q qui lui est appliquée se décomposera en deux autres, dont l'une dirigée suivant la droite CI, perpendiculaire à la corde, sera détruite par la résistance du plan ; et dont l'autre, dirigée suivant le prolongement de DC, sera employée à tendre la corde. Ainsi, en faisant CH=EY, et achevant le rectangle CGHI, les deux composantes de la force Q seront représentées par CI et CG, et l'on aura

$$Q : \textit{force}\ CI : \textit{force}\ CG :: CH : CI : CG\ ;$$

et par conséquent,

$$\textit{force}\ CI = \frac{Q \times CI}{CH},$$

$$\textit{force}\ CG = \frac{Q \times CG}{CH};$$

ou bien, mettant pour Q sa valeur trouvée précédemment, on aura

$$\textit{force}\ CI = \frac{P \times AF \times CI}{AB \times CH},$$

$$\textit{force}\ CG = \frac{P \times AF \times CG}{AB \times CH}.$$

Pareillement, si sur le prolongement de ED on fait DL=EZ, et qu'on achève le rectangle DKLM dont le côté DK soit sur le prolongement de CD, et dont le côté DM soit perpendiculaire à CD, la force R se décomposera en deux autres DM, DK, dont la première sera détruite par la résistance du plan, et dont la seconde sera toute employée à agir sur la corde, et l'on trouvera de même,

$$\textit{force}\ DM = \frac{R \times DM}{DL} = \frac{P \times BF \times DM}{AB \times DL},$$

$$\textit{force}\ DK = \frac{R \times DK}{DL} = \frac{P \times BF \times DK}{AB \times DL}.$$

Ainsi la corde CD sera tirée dans un sens par la force CG, et dans le sens contraire par la force DK.

Or lorsqu'une corde est tirée en sens contraires par deux forces inégales, la tension qu'elle éprouve est toujours égale à la plus petite de ces deux forces : car quand les deux forces sont égales, l'une d'entre elles est la mesure de la tension de la corde ; et quand elles sont inégales, l'excès de la plus grande sur la plus petite, n'étant contre-balancé par rien, ne contribue pas à tendre la corde, et n'a d'autre effet que de l'entraîner dans le sens de sa longueur.

Donc, 1°. la tension de la corde CD sera égale à la plus petite des deux forces CG, DK.

2°. La corde sera entraînée suivant sa longueur et dans le sens de la plus grande des deux forces CG, DK ; en sorte que pour s'opposer à ce mouvement, il faudra appliquer à l'un des deux points C, D, une force égale à la différence de ces deux forces et directement opposée à la plus grande.

3°. Les pressions exercées par les deux points C, D, sur le plan qui les retient, seront égales, la première à la force CI, la seconde à la force DM.

I I.

Fig. 98. 199. Si les côtés AF, BF du coin étant égaux, la tête AB est parallèle à la corde qui retient les deux points C, D, et qu'en même temps la direction de la force P soit perpendiculaire sur le milieu de AB, 1°. le coin ne tournera pas, parce que les droites CE, DE, menées par les deux points d'appui perpendiculairement aux côtés du coin, se rencontreront en un point E de la direction de la puissance. 2°. Tout étant le même de part et d'autre, les forces CG, DK, seront égales entre elles, et chacune d'elles sera la mesure de la tension de la corde CD. 3°. En abaissant du point

F la perpendiculaire FN sur la tête du coin, les deux triangles CGH, BNF, dont les côtés seront perpendiculaires chacun à chacun, seront semblables, et donneront

$$CH : CG :: BF : FN.$$

Or l'on a

$$Q : \textit{force}\ CG :: CH : CG\ ;$$

et par conséquent,

$$Q : \textit{force}\ CG :: BF : FN\ ;$$

de plus on a aussi

$$P : Q :: AB : BF.$$

Donc, en multipliant ces deux proportions par ordre, on aura

$$P : \textit{force}\ CG :: AB : FN\ ;$$

c'est-à-dire que dans ce cas-ci la puissance P sera à la tension de la corde CD comme la tête du coin est à sa hauteur.

Nous ne ferons pas d'application de la théorie du coin à l'usage que l'on peut faire de cet instrument pour fendre des corps, parce que dans cette circonstance la résistance que l'on doit vaincre est toujours inconnue, et qu'il est inutile de connoître le rapport de cette résistance à la puissance qui lui feroit équilibre.

LEMME.

200. *Si des sommets B, C des deux angles d'un triangle on abaisse sur les côtés opposés les perpendiculaires BE, CD, ces perpendiculaires seront entre elles réciproquement comme les côtés sur lesquels elles seront abaissées, c'est-à-dire que l'on aura*

$$BE : CD :: AB : AC.$$

Démonstration. En considérant AB comme la base du triangle, la perpendiculaire CD en sera la hauteur, et la surface du triangle sera $\frac{AB \times CD}{2}$. Pareillement, en prenant AC pour la base, la surface sera $\frac{AC \times BE}{2}$; donc on aura les deux produits égaux $AC \times BE = AB \times CD$, ce qui donnera la proportion

$$BE : CD :: AB : AC.$$

THÉORÊME.

F. 100. 201. *Lorsque deux puissances P, Q, sont appliquées aux faces AB, AC d'un coin dont la troisième face BC est appuyée contre un plan résistant MN, et que ces deux puissances se font équilibre au moyen de la résistance du plan, elles sont entre elles réciproquement comme les espaces qu'elles parcourroient suivant leurs directions, si l'équilibre étoit infiniment peu troublé.*

Démonstration. Puisque les puissances P, Q, sont en équilibre, leurs directions sont perpendiculaires aux faces du coin auxquelles elles sont appliquées (165). Actuellement supposons qu'en vertu d'un dérangement dans l'équilibre le coin glisse sur le plan résistant, et prenne la position infiniment voisine *abc* ; et soit prolongée la direction QE jusqu'à ce qu'elle rencontre *ac* en *e* : il est évident que les petites droites E*e*, D*d*, seront les espaces que les puissances auront parcourus suivant leurs directions. Enfin soit menée A*a*, soient prolongées CA, *ba*, jusqu'à ce qu'elles se coupent quelque part en F, et des points A, *a*, soient abaissées sur les prolongemens les perpendiculaires AH, *a*G ; on aura évidemment E*e*=G*a* et D*d*=AH.

Cela posé, les puissances P, Q étant en équilibre, elles sont entre elles comme les côtés du coin auxquels elles sont appliquées ; on aura donc (198)

$$P : Q :: AB : AC ;$$

et à cause des triangles semblables ABC, FaA,

$$P : Q :: Fa : FA ;$$

donc (100) on aura

$$P : Q :: aG : AH ;$$

et par conséquent,

$$P : Q :: Ee : Dd.$$

Donc... etc.

202. Nous avons vu que la proposition analogue a lieu dans l'équilibre de toutes les machines que nous avons considérées. En suivant la même marche, on pourroit démontrer directement que *lorsque deux puissances se font équilibre au moyen des points d'appui que présente une machine quelconque, elles sont entre elles réciproquement comme les espaces qu'elles parcourroient suivant leurs directions, si l'équilibre étoit infiniment peu troublé.* Au moyen de cette proposition, il sera facile de trouver dans la pratique le rapport qui doit être entre une puissance et une résistance appliquées à une machine proposée, pour que ses forces soient en équilibre, abstraction faite des frottemens et des autres obstacles au mouvement.

FIN.

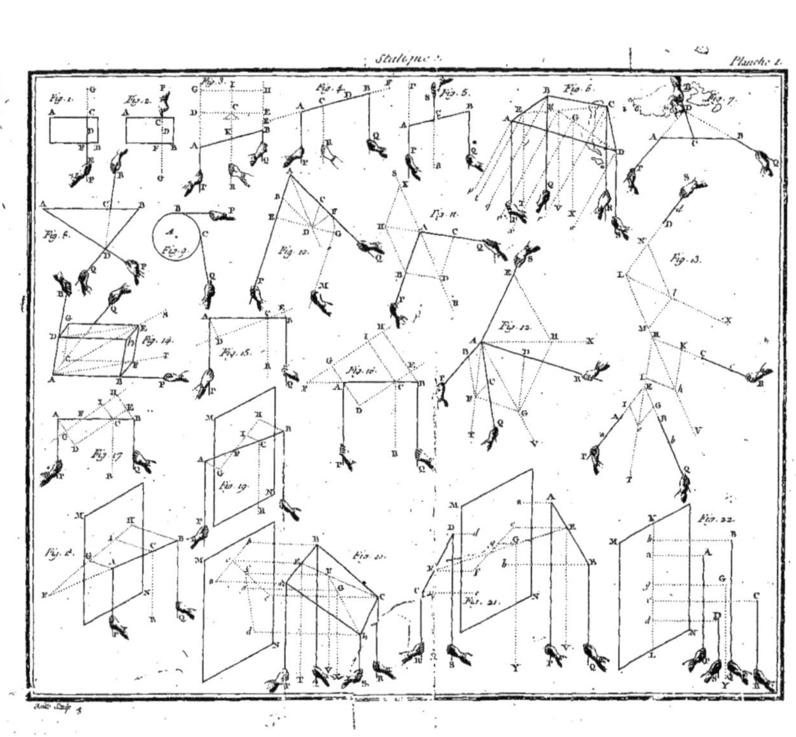
Statique.
Planche 1.
Fig. 1.
Fig. 2.
Fig. 3.
Fig. 4.
Fig. 5.
Fig. 6.
Fig. 7.
Fig. 8.
Fig. 9.
Fig. 10.
Fig. 11.
Fig. 12.
Fig. 13.
Fig. 14.
Fig. 15.
Fig. 16.
Fig. 17.
Fig. 18.
Fig. 19.
Fig. 20.
Fig. 21.
Fig. 22.

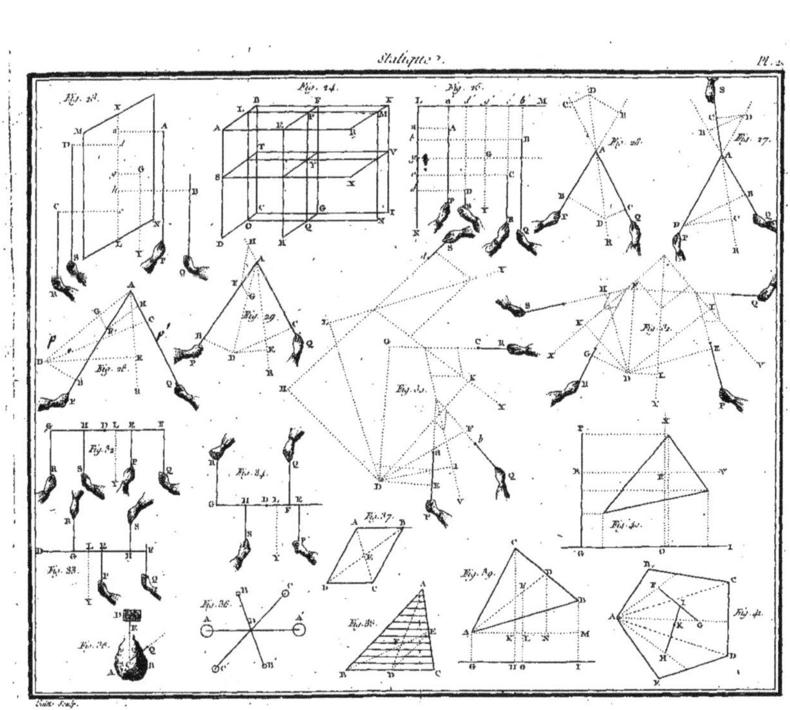
Statique.
Pl. 2.

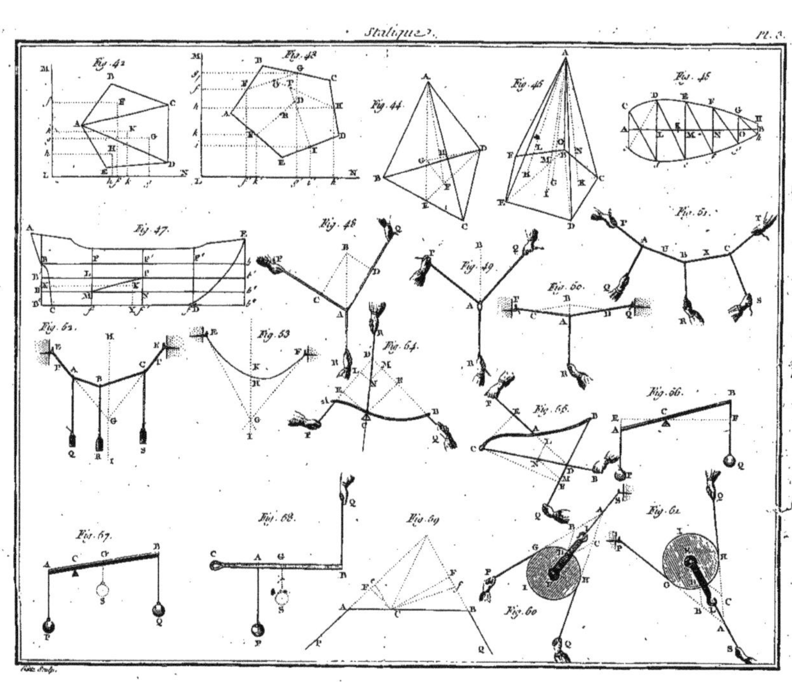
Statique.
Pl. 3.
Fig. 42
Fig. 43
Fig. 44
Fig. 45
Fig. 46
Fig. 47
Fig. 48
Fig. 49
Fig. 50
Fig. 51
Fig. 52
Fig. 53
Fig. 54
Fig. 55
Fig. 56
Fig. 57
Fig. 58
Fig. 59
Fig. 60
Fig. 61

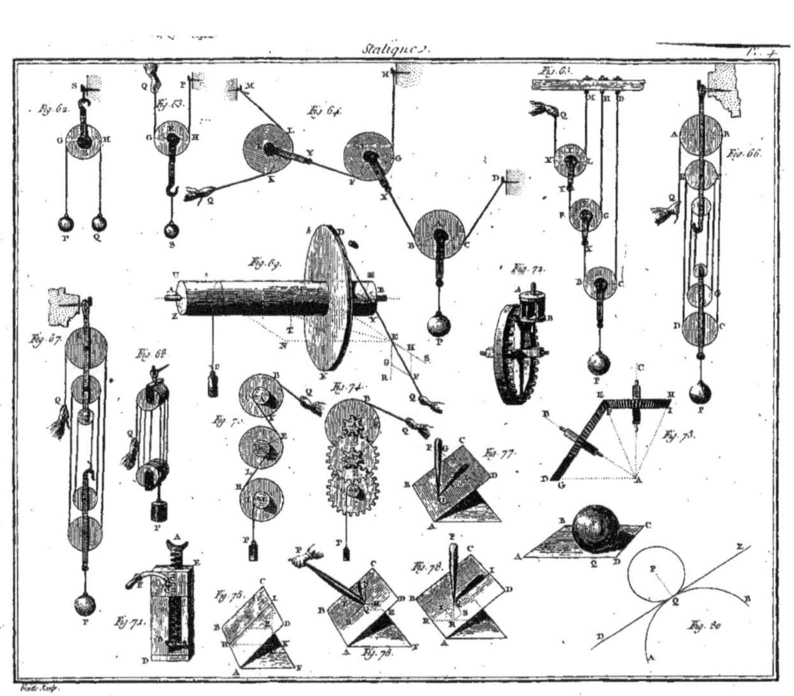
Statique.
Pl. 4.
Bénard Sculp.

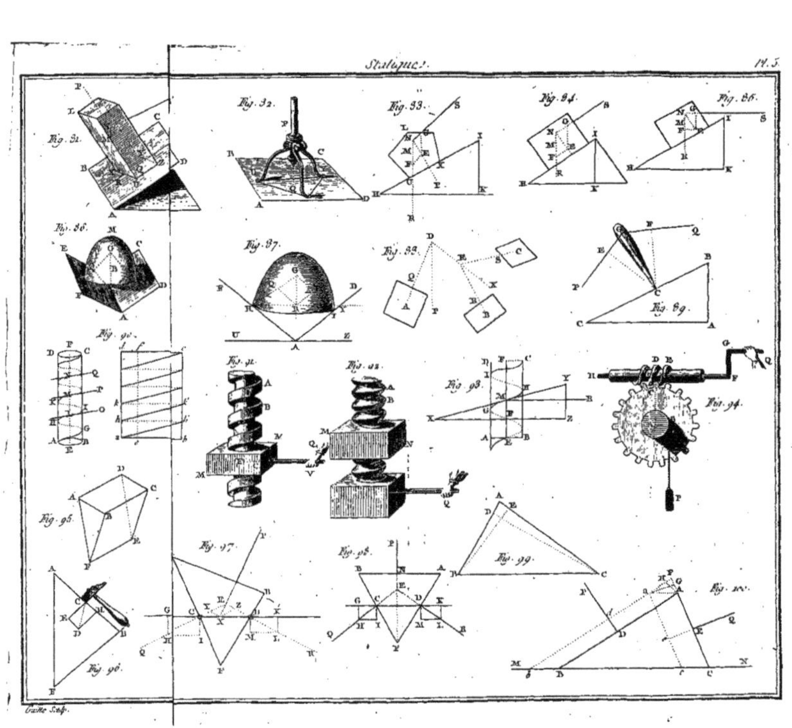
Statique.
Fig. 32.
Fig. 33.
Fig. 37.
Fig. 89.
Fig. 93.
Fig. 94.
Fig. 95.
Fig. 96.
Fig. 97.
Fig. 98.
Fig. 99.

www.ingramcontent.com/pod-product-compliance
Ingram Content Group UK Ltd.
Pitfield, Milton Keynes, MK11 3LW, UK
UKHW031047260726
13965UKWH00006B/686

9 782013 600989